(2383)

Exemplaire de Stravi
relié par Chambolle - Duru.

CCR

Mann 1 1299

prenne 1377

PHILOTHEI

IORDANI

BRVNI NOLANI CAN-
TVS CIRCÆVS AD EAM

memoriæ praxim ordinatus
quam ipse Iudiciariam
appellat.

AD ALTISSIMVM PRINCI-
PEM HENRICVM D'ANGOVLESME
magnum Galliarum Priorem, in Pro-
uincia Regis locumtenentem, &c.

HIC LABOR.

PARISIIS,

Apud Ægidium Gillium, via S. Ioannis
Lateranensis, sub trium coro-
narum signo.
M. D. LXXXII.

ILLVSTRISSIMO ALTISSI-
MOQVE PRINCIPI HENRICO
d'Angoulesme Magno Galliarum Priori,
Prouinciæ Gubernatori, ac Locumtenenti
generali, & totius maris orientalis pro Re-
gia maiestate Admiralio Io. Regnault eiufdem Illustrissimi à secretis Consiliarius.

U M ad manus meas, Altissime prin-ceps, duplex de can-tu Circæo & eius ad memoriæ Artem ap-plicatione Dialogus peruenerit. Cúmque artis ipsius excel-lentia, & fructus non me lateat: dig-nissimã quæ nobilibus & generosis in-geniis cõmunicaretur existimaui. Ma teriam enim minime vanam, de rebus maxime desiderabilibus cõprehendit. Mitto quod præter titulum, & artis elementa nihil habet cũ aliis hactenus editis commune: eáque admittit pro-pria, quæ Iordanum non solum auto-rem sed & frugi inuentorem testifica-

buntur. *Ad hæc artis istius editio ad
eius famam, & iustificationem pertinet: accidit enim eius exemplaria suc-
cessu quodam fuisse vitiata: & conspurcata circumferantur: quatenus &
auctor reddatur vulgo suspectus, &
Ars minus commédabilis. Consultum
ergo mihi fuit eam ipsam artem ha-
bentem pro titulo prohemium (in quo
quæ promitti possunt proponuntur)
cum suo progressu cuius erat exemplar
apud me, fidelissime vt olim quibusdã
dictata fuerat, vtq; dialogo Circæo cũ
eiusdem applicationibus ad augmen-
tum & non modicum ornamentũ &
claritatem facientibus postea per Ior.
est efformata, in lucem edere. Cui quidem amico consilio atque sententia li-
bentissime vt par erat consentiuit Iordanus méque rogauit vt (cùm sit ipse
grauioribus negociis intentus) ego eam
ipsam curam susciperem & cõplerem.
Post igitur aliam artem per ipsum edi-*

tam, & chriſtianiſſimo Regi dicatam:
quæ de vmbris idearū intitulatur: hāc
ego edendam ſuſcepi, quæ quidē illud
habet peculiare, atque propriū: vt memoriam verborū ſeu dictionum quam
aliæ artes inter millibus ſuppoſitis ima
ginibus, & centū millibus locis difficile
cōplebant: iſta in centū, & viginti præ-
cipuis formis (vt ipſe loquitur) ſubie-
ctiuandis: iuxta terminorū, ſentētia-
rumque numerū facillime perficiet, determinatis operationib. inſigniis, cir-
cunſtantiis, & adſiſtentibus. Quibus
efficitur vt hæc ars pro memoriā verborū longe minus labore, induſtria, &
exercitatione: quā cæteræ omnes quæ
legi poſſint indigeat. Adeo vt facilius,
& certius hanc viam incedentibus
præſtent tres quatuorue menſes, quam
aliorum tramitem perſequentibus,
tres quatuorue præſtare valeant an-
ni. Quod ſane artem hanc alijs com-
parare potenti nō poteſt eſſe dubium.

Quod verò ad memoriam rerū & sententiarum attinet: satis apertum est quod mox auditis artis præceptionibus: quilibet eadem possit pro sua vti capacitate: & ab eius profectu non est iudicij compos qui excludatur. Dictas igitur cum in ipsa singularitates acceperim dignū existimaui vt sub tui nominis splendore curreret: quatenus etiam obsequium perpetuæ seruitutis qua tibi ex toto pectore sum addictus, hoc etiam signo percipere possis: vt & si qui fructū ex huius artis canonibus emetent, ipsum ex parte ad te, cuius secundis auspiciis est edita, referant. Interim celsitudo tua muneris exiguitatem, animi affectúsque magnitudine compenset obsecro. Vale, & quamdiutissimè Regiæ Ma. Patriæ, & administrationi tuæ, tuísque fœlix & incolumis viue.

Tuæ amplitudini addictiss. & obsequentissimus seruus Io. REGNAVLT.

IORDANVS LIBRO.

Isurus magam magni solis filiam,
  His procedens è latebris,
    Ibis Circêum liber in hospicium,
Haud arctis arctis clusum terminis.

Balantes oues, mugientes & boues,
  Crissantes hœdorum patres
    Visurus, vniuers'& campi pecora,
Cunctasque syluæ bestias.

Concentu vario errabunt cæli volucres,
  In terra, in vnd' in aere.
    Et te dimittent illæsum pisces maris,
Naturali silentio.

Tandem caueto, quando domum appuleris,
  Inuenturus domestica:
    Namque antè fores, aditumqu' ant' atrii,
Lmosum se præsentans

Occurret porcus, cui si fortè adhæseris:
  Limo, dentibù, pedibus:
    Mordebit, inquinabit, inculcabit,
Et grunditû t'obtundet.

Ipsis in foribus, in adituqu'atrii,
　　Morans genus latrantium:
　　Molestum fiet baubatu multiplici,
　　Et faucibú terribile.

Hoc ni desipias,& nisi desipiat,
　　Metu dentis, & baculi,
　　Te non mordebit, ipsum non percuties,
　　Perges, nec te præpediet.

Quæ cum solerti euaseris industria,
　　Interiora subiens:
　　Solaris volucer te gallus excipiet,
　　Solis committens filiæ.

PHILOTHEI IORDANI
BRVNI NOLANI CANTVS
Circæus, ad memoriæ praxim ordinatus.

DIALOGVS PRIMVS.

Interloquut. CIRCE & MOERIS.

CIRCE.

SOL qui illuſtras omnia ſolus. Apollo, carminis author, pharetrate, arcitenens, ſagitti-potens, Pythie, lauriger, fatiloque, paſtor, vates, augur, & medice. Phæbe, roſee, crinite, pulchricome, flaue, nitide, placide, cytharę de, cantor, & veridice. Titā, Mileſi, Palatine, Cyrrhæe, Timbræe, Deli, Delphice, Leucadice, regæe, Capitoline, Smynthæe, Iſmeni, & Latialis. Qui mirabiles impertiris naturas elementis: quo diſpenſante tumeſcūt, & ſedantur maria: turbátur, & ſerenantur aër & æthera: viuida quoque intenditur, reprimitúrque ignium vis atque potétia. Cuius miniſterio viget iſtius cõpago vni-

a

uersi, Inscrutabiles rerum vires ab ideis per
animæ mundi rationes ad nos vsque dedu-
cens & infra, vnde varię atque multiplices
herbarum, plantarum cæterarum, lapidúque
virtutes, quæ per stellarum radios mundanũ
ad se trahere spiritum sunt potentes.

Adesto sacris filiæ tuæ Circes votis. Si
intento, castóque tibi adsum animo, si dignis pro facultate ritibus me præsento. En
tibi faciles aras struximus. Adsunt tua tibi
redolentia thura, sandalorúmque rubentiũ
fumus. En tertio susurraui barbara & arcana
carmina. Peractę sunt lustrationes. Septem
suffituum genera pro septem mundi princi-
pibus expediuimus. Solutiones & ligaméta
de more sunt peracta. Sygillauimus omnia.
vnum abest vt præcationum quæ præcurrere
debuerunt, quęque ad suos repetitæ sunt numeros concupita proferamus. Moeri inspice
lineá, & vide an adhuc altum cæli sol teneat.
MOERIS. Nil abest.

CIRCE. Conuertor igitur ad te meridia-
num solem, per mirabilem potentiam qua
vnus tam plurima facis. per cócitatorũ equorum tuorum cursus, qui vniuersa detegens
duo latétia percurris hemisphęria. Quis que-
so rerum modus est? Ecce sub humano cortice ferinos animos. Cóuenit ne hominis cor-
pus vt cæcum atque fallax habitaculum bes-
tialem animam incolere? Vbi sunt iura rerũ?
vbi fas, nefásque naturæ? Si repetiuit Astræa

cælũ, cuius ne veſtigium quidem terra videat:
cur non de cęlo ſaltem apparet Aſtræa? Ecçe
ſubiuimus minimè occultum Chaos. Cur nõ
miſcêtur ignibus maria, & limpida nigris terris aſtra: ſi in terris ipſis & earum guberna-
culis nihil eſt quod faciem demõſtret ſuã? Ipſa ne nos mater natura decipit? Matrẽ dixerim
an nouercam? Veritati nil ipſa odibilius eſſe
debet falſitate: bonitati nil ipſa malitia mole-
ſtius. Non eſt, non eſt certè modicũ ô clariſſi-
ma mundi lampas, quod & viſibiliũ, & non
ſenſibiliũ ratiocinantum circũueniamur in-
geniis. Cur ergo ſimilẽ debuimus in ipſa natura ypocriſim experiri? Si perpauci hominũ
animi ſunt effincti, cur quæſo tot hominum
ſunt efformata corpora? Cõuertere igitur ad
partes tuas ô Sol, & tãtũ naturæ & dignitatis
tuę præiudiciũ vindicato. Inſignito circẽ tuã
tu cęterique prępotentes dii, vt eidẽ potentia
qua miniſterialibus ſpiritibus proximiſque
corporũ iſtorũ formatorib° imperare valeat.

Adiuro vos per mendaces vultus errorum
miniſtros, per altam præſidũ naturæ potentiã,
vt à ſingulis brutaliũ ſpecierũ indiuiduis humanam abſtrahentes faciẽ, in ſuas ipſa faciatis
extrinſecas atque veraces prodire figuras. Si
quando repreſſum curſũ obire debent flumi-
na. Si quando altũ ſuũ arripere debent ignęs.
Si nullum eſt æterno violentum. Si tandem
omnia ſuos ad terminos debẽt appellere. Mu-
tatur ne aliquid Mœri? MOERIS. Nil prorſus.

CIRCE. Adiuro vos iterum quid trepidatis? quid hæretis vectores formarū, fygillorum naturæ falfificatores. Iuppiter verax, cuius per vos eft læfa maieftas vobis imperat. cogit vos pater hominū, in cuius virtutè vos ter, atque quater adftringo. Impero quoque vobis per cæteros qui fupra cætera animantium genera habent imperium deos:vt fophiftico hominum remoto vultu nõ impediatis quominus fingulorum in lucem cõfpiciendę prodeant figuræ. Refpice Mœri. MOERIS. nil adeft noui. CIRCE. tertiam igitur adiurationem aggrauabo.

Iterū ad te manus tendo meas, ô fol. En tibi tota adfifto. Explica rogo teleones tuos, tuos lynces, capros, cynocephalos, laros, vitulos, ferpentes, elephantes & cętera animaliū iftorū ad te pertinentiū genera. Alciones, hirūdices, coturnices, coruos, cornices, capellas, cicadas, & fcarabeos, cæteráque tui generis volitantia. Teftudinem, pholim, tunnum, raiam, cethe, cæteráque id genus tua. Qui vbius, ALEXICACVS, PHANES, HORVS, Apollo diei, Dionyfius noctis, & DIEfpiter diceris. Cuius virtutem aurum, hiacinthus, rubinus, & carbunculus mihi vicariam fubminiftrant. In medio regiminis planetarum reuerendè, curfum pręmonftrans & cõmonftrans omnium: educens, producens, & maturans vniuerfa, regnantium, & confiliariorum domine, fulgentibus radiis celeberrime. Si tu princeps mundi, oculus cæli, fpeculum naturæ, architectura animę mundi, & fygillus alti architectoris. Te quoque lunam appello. En & adfifto tibi. Profer(rogo te)tuos mergulos, grues, buteones, cyconias, graculos, anates, anferes, cæteráfque volucres aquaticas. Lumacas, ligurinos, palmipedes, falpas, araneas, ictices, iuerfas, lacertas, tuáque generis iftius vniuerfa: Rubetam, ranam, cancros, limacas, offolas, tuáque cætera natantium. Te appello:quam Hecaten, Latonam, Dianam, Phæben, Luciná, triuiam, Tergeminá, Deáque triformé dicimus. Si agilis, omniuaga, pulcherrima, clara, cádida, cafta, innupta, verecunda, pia, mifericors, & intemerata. Iaculatrix, honefta, animofa venatrix, regina cæli, manium gubernatrix, dea noctis, rectrix elementorú, terrę nutrix, animantium lactatrix, maris domina, roris mater, aëris nutrix, cuftos nemorum, fyluarum dominatrix, tartari domitrix, laruarum potentiffima infectatrix, confors Apollinis. Adfis Menala, Euxina, Pifæa, Latona, Auentina.

En & tibi Saturne fenex erigor. Affer (rogo potentiam tuam) tuos afinos, bubulos, camelos, ceruos, talpas, lepores, mures, fues, bafilifcos, feles, fimias, hienas, filuros, mures, bufones, origes, cæteráque tui generis terreftria. Vefpertiliones, noctuas, gallinas, mufcas, brucos, locuftas, cuculos, aliáfque tui generis aues. Anguillá, polypú, fepiam, fpongiá,

& reliqua tui generis aquea. Falcipotens, gra-
dæue, mature, lente, tarde, verende, falcate,
triſtis, ſapiens iudicioſe, profunde, penetrator, rimator, ſcrutator, cogitabundè, & con-
templator. Ætatũ dominator, agrorum cul-
tor, falcis inuentor, temporum gubernacu-
lorum moderator, currentis miniſter æterni-
tatis, emenſorum metitor ſpaciorum, dura-
tione intranſibilem ęquans ſempiternitatem.
Deorum parentis pater, adportans, & aſpor-
tans vniuerſa ſub voraci tempore, orditor
eorum quæ fiunt, ſeruator eorum quę durãt,
& abſumptor eorum quæ intereunt. A quo
draconibus tractũ toties ſum mutuata cur-
rum. Qui Iouem igneo æthereóque cælo,
Iunonem aeri, Neptunum mari, & Pluto-
nem inferno deos genuiſti. Adſis pater æta-
tis aurę. Leucadie, Cretenſis, Itale, Latie,
Auentine.

Ad tuum quoque tribunal cõuertor ò Iuppiter, ede (exoro te) tuas aquilas, percnopte-
ros, pygargos, perdices, pellicanos, ciconias,
anthos, iliades, turdos, apes, cęteráſque tui
generis aues. Elephantos, ſubulones, ceruos, ſatherios, boues, cameleõtes, aliáque generis iſtius animátia. Delphinos, ſiluras, mugiles, glaucos & alia quæ tibi degũt in vndis.
Fulminator, inuictiſſimè, iudex, prętorie, ma-
giſtralis, dux, princeps, rex, imperator, & mo-
narcha. Opulente, xenie, hoſpitalis, verax,
& religioſe. Hilaris, liberalis, pie, regalis, ma-
gnifice, miſericors, & iuſtificator. Deorum

fortunatiſſime. Vniuerſam de fato felicitaté
contrahens, veritatis amator, promotor po-
tentatum, ſeruator maieſtatis, fons vniuerſæ
lætitiæ. Stator optime, legiſlator populorũ,
conciliator deorum. Qui diuum omniũ pater appellaris. Cuius inceſſu geminus mundi
cardo contremiſcit. Adſis Olimpice, Dodo-
næe, Pæanomphe, Idæe, phrigie. Tarpeie, Ly-
bice, Pyſæe, Gnidie, Moloſſe, Auſonie, Ely-
ſie, Latialis.

Te quoque Mauortem aduoco, ne dedi-
gneris tuos hic promere ſcorpiones, ſerpē-
tes, aſpides, viperas, hircos, hœdos, pardos, canes, cynocephalos, apros, pantheras, lupos,
onagros, equos, hyppelaphos, vulpes, tuaſ-
que cæteras beſtias atque feras. Accipitres,
falcones, ſabbuteones, ſtrutiones, gryphos,
percas, miluos, alias rapaces volucres & veſ-
pas. Fucam draconé, crocodilũ, chroneum,
torpedinem, narum, & alia quę tibi degũt
in aquis. Gradiuum, bellicoſum, maſculinũ,
acutum, terribilem, collilatum, villoſum, mi-
nacem, indomitum, truculentum, belliparé-
tem, cruentum, infauſtum, impauidum, fre-
métem, ambiguum, trucis aſpectus deũ, latis
incedentem paſſibus, robuſtũ, horrificũ, fer-
reum, armiſonum, furentem, efferum, horri-
dum, crudum, homicidam, rabidum, tur-
bidum, infeſtum, rapacem, atque fune-
ſtum. Ardentibus oculis terribilem, ignem è
naribus efflantem, magnæ grauitatis ducem.

bus, truculentę factionis gloriofum principé,
callidum cordis litigantium incenforem, eua-
ginato gladio omnem tibi vim adaperire po-
tentem, potentiarum & robuftorum omnium
inuictum diffipatorem, foliorum irrefragabi-
lem euerforem, cui obfiftenti refiftit nemo,
quem metus & difcordia antecedunt, cui fu-
ror iráque miniftrant, & quem mors fequi-
tur, maxime omnium formidanda. Adfis Scy-
thonie, Threiicie, Biftonie, Strimonie, Odry-
fie, Melyte, Getice. Quirine.

Adfis & tu dea tertij cæli Venus, quam & Ef-
perum, Bofphorü, & luciferü dicimus. Oro te,
prome tuas columbas, turtures, pauones, fi-
cedulas, galgulos, pafferes, pelecanes, harpas,
pifices, olores, cygnos, palumbos, fturnos,
chenalopicés, & non nominatas aues tuas.
Lepores, hinnulos, equas, formicas, fringillas,
cæteráque fpecierum iftarum animantia. Pho-
cä, ruticillam, fagum, vitulum & vndicola tibi natantia. Venus alma, formofa, pulcherrima, amica, beneuola, gratiofa dulcis, amena,
candida, fiderea, dionea, olens, iocofa, aphro-
genia, fœcunda, gratiofa, larga, benefica, pla-
cida, deliciofa, ingeniofa, ignita, concilia-
trix maxima, fufceptrix optima, amorum domina, harmoniarum miniftra, muficalium di-
ctatrix, blanditiarum præpofita, faltationum
moderatrix, ornamentorum effectrix, vniuer-
forum compago, rerum vinculum. Tu ex to-
ra primi deorum parentis Cælij propagatiua

virtute exorta, tu continuam animantibus
fuccefsionem præbés, tu voluptatum & gau-
diorum omnium vniuerfalis propagatrix, tu
inaccefforú arduorúmque omnium penetra-
trix, tu potens deorum omnium triumpha-
trix. Adfis dea Paphia, Cypria, Ericina, Caly-
donia, Samia, Idalis, Gnidia, Cytheræa, Ca-
pitolina.

Ad me conuertere Mercuri, qui & Hermes,
& Stilbon, filius Maię, & Athlantis nepos ge-
nerofus diceris. Coge, me rogante tuas vpu-
pas, apes, lufcinias, meropes, orchilos, mo-
nedulas, ardeolas, penelopes, philomelas &
alias aues tuas. Item paros, pantheras, ligurinos, herinaceos, muftelas, mulas, & eius generis alia. Trochilum, fquatiná, cancellum,
murenam, paftinacam cum cæteris eiufdem
fpeciei. Mercuri caducifer, galerate, pinniger
alipes, iuuenis, pulcherrimè, virtuofe, ftre-
nue, impiger, agilis, volucer, diligens, con-
uertibilis, fapiens, fcriba, pictor, cantor, vates, inuentiue, difputator, numerator, geo-
metra, aftronomè, diuine. Reconditorum
penetrator, occultorum elucidator, enigma-
tum enodator, deorum interpres, nuncie fa-
cundiffime, ratiocinator maxime, notarie folis, fuperûm, & infernorum conciliator, vtroque fexu fœcundiffime, mas maribus, fœmina fœminis, arbiter numinum, inuentor cy-
thæræ, artibus omnibus fufficientiffime. Adfis
Arcas, Tegæe, Memphitice, Ægyptie, Atheniê-
fis, Palladie, Olimpice.

Adefte fimul omnes feptem mundi principes, & in Circem veftram intendite, vt veftra
mutuatapotentia(quam in vicariisveftris herbarum fuccis, & ignium fumis, & lapidum
appenfionibus infinuo) adminiftratores figurarum valeam adftringere, vt vel coacti faciant alius generis viuentium fpecies latétes
(ementitahominis recedente figura)ex occul-
tis in apertam prodire lucem.

Iterum ergo atque iterum coniurovos,at-
que confirmo, vaftatores iniqui, impuden-
tiffimi, impij, pertinaces, non me fugie-
tis. Recedant, recedant vel inuitis nobis hu-
mani vultus à beftiis. Potenter vobis impero
in confpectu folis iftius,per Iouem altitonan-
tem, & per deos omnes qui fegnitiem & ter-
giuerfationem veftram vlcifcentur. Creditis
ifta deos non curare? En literæ deorum fa-
cræ: quas in hac lamina oftendo. En quos in
aerem explico characteres. En veftigium
magni fygilli. Mœri,explica membranam in
qua funt potentiffimæ notæ, quarum morta-
les omnes latent mifteria. Hæc funt quibus
ipfas credimusnos poffe mutare naturę leges:
cur non per ipfas licebit eafdem impiè pro-
phanatas inftaurare? Adde ignibus thura,
fumigiorumque cæteras fpecies,hęcque dum
ipfa fubmurmurauero, refpice de feneftra
quid fe turba fiat:

M o e r i s. Mirabile vifu Circe, mirabile, de tot quos vidimus hominibus, tres

quatuórue tantum, qui trepidi ad tuta confu-
giunt remanfere. cæteros omnes quorum alij
in proximas fe recipiunt cauernas, alij in arbo-
rum ramos aduolant, alij fe dedant in proxi-
mum mare precipites, alij domeftici magis ad
noftras fores adproperant: in diuerfi generis
animantia video transformatos. C I R. Imò
proprias explicauere formas. Futurū eft vt in-
culperMœri. beneficam Circen maleficam im
prudentes homines appellabunt. Ij qui adhuc
perftant veri funt homines: illos nec vult, neque poteft cātus nofter attigiffe. M o E R. ter-
rore concutior mea diua & regina, quoniam
vifu terribiles nobis beftiæ comminantur.
C I R. Paulo ante formidabas? M o E. minimè
quidem. C I R c E. Nunc igitur minor tibi datur timoris occafio. M o E. Cur id? C I R. nō
enim differunt hæc quæ modo vides bruta &
beftias (vt & ipfa nofti) ab iis quos paulo ante videbas homines, præterquam quòd aper-
tos nunc habent vngues, dentes, aculeos, &
cornua quæ latebant. Imò & hoc te non igno
rare volo, quod cū illo careant organo, quod
eft ad ipfa animorum intima ledenda effica-
ciffimum: longe minus nocua, atque formidanda funt effecta. M o E R I S. Quid ipfum?
C I R c E. Lingua. M o E R I S. Dij me ament
quid fecerint magis timeo quā quid dixerint.

C I R c E. Minus ideo fapis. At & hoc in-
dicabo tibi quod &nūc pro eo in quo verfaris
formidinis genere minus debeas effefolicita.

ipfi enim, quorum alios cornutos, alios aculeatos, alios ita dentatos, alios letiferè vnguitos afpicis : erant omnes atque finguli cornu fimul & aculeo, & dente, & vngue terribiles. Iam diuerfa atque fingularia quibusfe tueri, & alios ledere poffint arma naⅽti funt, cùm prius haberét omnia. MOERIS, Quoná pacto id mihi fuadebis? CIRCE, nefcis eú qui manu armatur magis omnibus armari? nefcis manum omnibus carere armis : vt omnibus præpotens effe poffit armis? ignoras ipfam fibi & aculeos, venena, & cornua, & dentes adaptanté, à nullis fibi timere beftiarum infultibus, & eo tantum inftrumento animantibus omnibus quæ videntur imperare confueuiffe ? Temerè igitur & imprudenter es facta timidior. Omnem igitur formidinem pelle ex animo, omnem abigas ambiguitatem, & mecum in ipforum examen pergito. MOERIS, non poffum non timere præfentia, aptata, atque conuerfa contra nos inermes atque debiles cornua, cæteráque quæ video mortis inftrumenta.

CIRCE Tutò propera, facili carmine fuperabimus omnia. MOERIS, Id fi dea potens polliceris, nihil hefitans pergo.

CIRCE, Principio ifthæc domeftica veftigemus animalia. en proximos nobis porcos qui fugam verfus tecta arripuere, facillimè omnium iftos fub humano corticecognouiffes. MOERIS, Facillimè quidem.

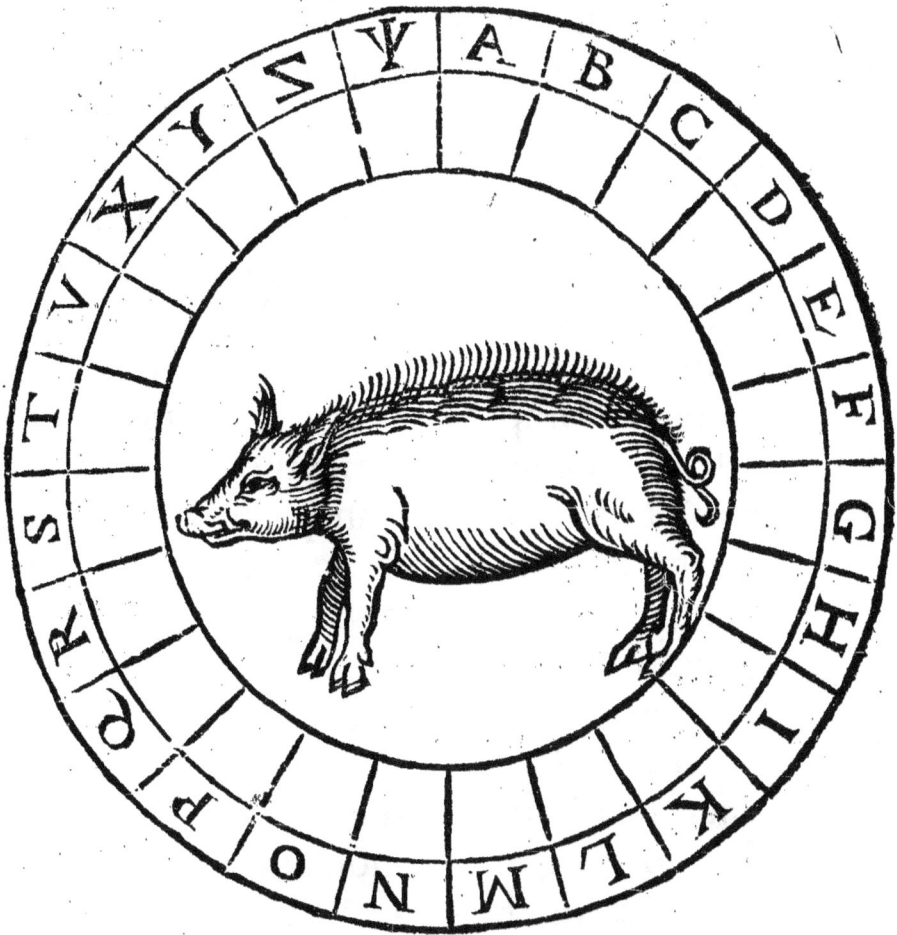

CIRCE. Porcus enim est animal A, aua-
rum. B, barbarum. C, cœnosum. D, durum.
E, erroneum. F, fœtidum. G, gulosum. H,
hebes. K, Kapitosum. L, Libidinosum. M,
molestum. N, nequitiosum. O, ociosum. P,
pertinax. Q, quærulum. R, rusticum. S, stul-
tum. T, turgidum. V, vile. X, lunaticum. Y,
auriculatum. Z, mutabile, Ψ, non bonum
nisi mortuum.

MOERIS. Cum elementarium porcinum inftitueres Circe, vnum de mage neceffariis elementum prætermififti. CIRCE. Non illud inconfulte factum, quia ipfum eft tum in aliis omnibus elementis implicitum, tum & ipforum elementum videtur elementorum. In vno ergo adferantur omnia, ficut in omnibus allatum eft vnum. A ingratum. B immundum. C inconfultum. D infidum, E inconftans. F impaciens. G indifcretum. H inciuile. I impudens, K impetuofum. L incautum. M infauftum. N ineptum. O iniquum. P inhumanum. Q immite. R inuerecundum. S inquietum. T infanum. V intemperatum. X ignobile. Y incultum. Z inhofpitale. Ψ immemor.

MOERIS. Et ego per numeros ex naturalibus ipfum confiderabo. j. Paruos habens oculos, hofque non nifi gulæ inferuientes. ij. acutas habet aures. iij. peramplas fauces. iiij. immunditias ad omnes nares adpofitas. v. læfiuos dentes. vj. auguftum, anguftum volo dicere frontem. vij. cerebrum pinguiufculum. viij. caudam femper mobilem, femper adnodantem, nunquam verò nodantem, quafi femper negociantem, & nunquam proficientem. ix. vétrem habet vnum & ampliorem. x. dentes nunquam amittit. xi. intra eius offa nihil aut modicum reperies medullæ. xii. quadrupedum omnium difficile pilum mutat, aut amittit. xiij. habet

pediculorum genus familiare. xiiij. pro-
priam habet ad coitum vocem. xv. fœmina
eius ipso mare est vocalior. xxj. acerrimè
sæuit tempore coitus. xvij. fœcundiss mum
multorum animalium. xviij. non est in vno
cibo constans. xix. facile in omnibus cibi
generibus assuescit. xx. pabuli mutatione,
& varietate maximè gaudet. xxj. illius qui
glandibus est pastus caro, magis, meliúsque
sapit. xxij. in vrbanum & syluestre genus
diuiditur. xxiij. ibi deliciosius degit vbi lutum repperit. xxiiij. brutale omnino.
Tot igitur indicia sui cùm porcus habeat, quis
ipsum facilè (quantumcumque sub homine
lateat) non cognoscet? Si tibi videtur domina, cætera vnico, magísque adcomm odato signo persequamur: præstare enim videtur le-
uius multa tangere, quàm duo comprehen-
dere, vel vnum.   C I R C E. Ita faciendum.

QVÆSTIO PRIMA.

M O E R I S. De pluribus quæ video canum
generibus, cæteris omissis vt hac quæ mordax
est & propriè Cynica, quæ non minus est ipso
porco illustris : quomodo istud ignauum canum genus sub humana figura potuissem ag-
noscere? C I R C E. Ipsum est genus illud bar-
barorum, quod quidquid non intelligit dam-
nat atque carpit : vt modo ignaui & ipsa figura noti canes allatrant in ignotos omnes

etiam beneficos, in perditos etiam atque sce-
lestissimos notos mitiores.

QVÆSTIO II.

MOERIS. Asinos modo prætermittam:
de ipsis n. alias grauius, atque maturius con-
siderabitur. Hos asinorum filios putà mu-
los, qua nota dinoscere potuissem? CIRCE.
Ij sunt qui vt philosophi haberentur & elo-
quentes:nec philosophi nec eloquentes erát.
vt poëtam iactantes & oratorem: neutrum
essent. vt sub titulo legistarum atque scholars-
sticorum:nec tales haberentur neque tales.
vt grámatici & disceptatores: in vtroque de-
ficerent munere. vt mercatores & nobiles:
secretius ignobilitatis genus incurrerent. vt
togati & armigeri:bello essent & literis inep-
ti. vt aulici & religiosi: etherocliti generis
se præstarent animal. vt pulchri & terribi-
les:neque fœminam ederent neque virum.
veluti modo ex equa matre & asino patre,
non sunt equi nec asini:& ruditum cum hin-
nitu mixtum habent.

QVÆSTIO III.

MOERIS. Hyrcos quid mihi significasset?
CIRCE. Vel odor hyrcinus,vel quod quá-
diu viuunt,tamdiu coeunt. vel hoc quod ge-
stiunt cum socium cum sua fœmina coeun-
tem vide-

tem viderint, tunc præ gaudio criſſant, &
exultant vt ārietes.

QVÆSTIO IIII.

MOERIS. Quomodo potuiſſem ſimias
obſeruare? CIRCE. Vel ab ipſo naſo, vel ex
hoc quod cùm optima quæque affectarent, vt
vel optimam poëſim, vel ſophiam, vel oratio-
né, vel hyſtoriam: infæliciſſimè tamen in omnibus ſe gerebant. Ex hoc inquam quòd ten-
dentes ad optimum inciderint in peſſimum,
vt nunc vides, quòd cùm hominem animalium pulcherrimum imitentur, hoc ipſo fiunt
maximè omnium deformes. MOERIS. Non
obſtante quod ſimius ſimio pulcher.

QVÆSTIO V.

MOERIS. Quomodo diſtinxiſſem ab
iſto genus illud aliud ſimiarum? CIRCE. Illi
in ſeriis grauibúſque rebus inutiles, magnati-
bus adulando, & hyſtrionando, & paraſitos
agendo placebant: vt modo cùm non valeant
cum aſinis ferre onera, cum equis militare,
arare cum bobus, cum porcis mortui paſcere,
ſic tantum vſuueniunt vt riſum faciant.

b

QVÆSTIO VI.

MOERIS. Est & tertium sinuarum genus sepositum, respice ad ripas fluuii, quid illud indicabat? CIRCE. Erat videre barbarum parétum genus, inurbanos, inciuiles, & malè natos educans filios, dum immodico & irrationali affectu moribus illorum indulgerent: vt modo vides in propria forma catulos suos strictius amplexando necare.

QVÆSTIO VII.

MOERIS. Qua nota camelos aspexisses? CIRCE. Dicam. Cùm sub eo quod hominis est latitarent, puris rebus minimè delectabátur, sed cuncta ad morem suum conspurcata probabant: de quorum genere sunt qui sapiétum monimenta puerilibus & sordidis infecta adiectionibus suscipere malunt, aut suscipi: vt modo totum camelum præferentes potu minimè gaudent, nisi cùm pedum conculcatione turbata fuerit aqua.

QVÆSTIO VIII.

MOERIS. Isti proximú genus & capite persimile nó cognosco. hæret enim cameli capiti ceruix equina, maculísque intincto dorso tigrim refert, & pedibus bouem.
CIRCE. Cameleopardales ipsos appellant,

quos inde percipere potuiſſes, quia ritu quodam erát deorum cultores, voce carnifices,
vita diuerſo vitiorum genere immundi, ſcrip-
turæ monumentis bubulci.

QVÆSTIO IX.

MOERIS. Qui erant hiænæ geſtus?
CIRCE. Blandiebantur obſequio, vt in per-
niciem traherent: vt modo humanam ſciunt
referre vocem, & homines proprio quod au-
dierint nomine aduocare, quos diſcerpant.

QVÆSTIO X.

MOERIS. Videtur adſtare & aliud hiænæ
genus. CIRCE. Ipſum idem ſub actionibus
diuerſis agnouiſſes. vides quemadmodú ad-
currant ad hominis excrementa, quæ ſi altius
eſſent (vt nequeant attingere) ſuſpenſa: porre-
ctu corporis laſſę interirent. Iiſdem cùm homines referrent, fœdiſſima quæque habebantur dulciſſima, & de optimis ipſum peſſimum
conſulebatur accipere. Sicut in ſaccis quibus
vina colantur apparet: ipſi enim vina effun-
dentes, ſolas ſibi retinent feces.

QVÆSTIO XI.

MOERIS. Ceruorum genus iſtud tam ce-
lebriter cornutum? CIRCE. Iſti ſub quorú-
dam principum tegumento latebant, quibus
ſi quid placebat, id procul percipiebāt: ſi quid
minus arriſiſſet quamtumuis clamaſſes non
intelligebant. vt modo ſi arrigant aures, acu-
tiſſimo pollent auditu: ſi demittant ſurdiſſi-
mi ſunt.

QVAESTIO XII.

MOERIS. Quid nos in elephantum prospectum adduxisset? CIRCE. Hoc quod nares habebant pro manu, vel quod carentes manibus, vtebantur naribus: nihil enim ipsi cùm facere nescirent: in aliorum factis iudicandis tantummodo occupabantur.

QVAESTIO XIII.

MOERIS. Quis vrsos istos olfecisset? CIRCE. Quicumque expertus esset illorum naturam contumacem, barbaram, atque ferá: quos pariendo, fouendo, nutriendo, & lambendo promouerit. Hoc enim animal quátumuis lingua aliísque oris lenimentis ex infigurato rudíque partu formetur: ferum tamen adolescit, durum, & alpestre.

QVAESTIO XIIII.

MOERIS. Quis leones cognouisset? CIRCE. Qui considerasset quod cùm principes essent, à viribus infimorum conuitiis illis erat metuendum. veluti nunc natura ipsa coguntur cristam, vocéque galli formidare. MOERIS. Nunquid proprea in feras sunt mutati? CIRCE. minimè, sed erant ipso addito furore leones.

QVÆSTIO XV.

MOERIS. Cætera illa maiora alias conſideranda relinquo. Quanota iſtricem mihi potuiſſes indicare? CIRCE. Nonne vides ipſum ariſtas ſpináſque ſuas non niſi prouocatum, accitum, inſtigatum, & compulſum iaculari? MOERIS. Intelligo.

QVÆSTIO XVI.

MOERIS. Echinos facile cognouiſſem, quia vt modo ſpinas, ſpinis circumquaque contecti ingrediuntur: ita olim in omnibus negocijs acerbitatem ſeruabant, cùm animi ſua intus aſperum retinerent. CIRCE. Verè quidem.

QVÆSTIO XVII.

MOERIS. Vnde pro teſtudinibus illos diuinaſſem. & quale teſtudineum genus (omiſſis aliis) eſt iſtud? CIRCE. Hi extiterant magnifica expectatione allecti ad aulas principũ, quarum deliciis delectari poterant, aduſque vt eis poſtea liberè in ſuum ſe ocium atque quietè recipere non licuerit: veluti nunc humano depoſito velamine, & ſuo apparétes cortice contectæ, cum meridiani ſolis oblectate calore, totum illi excalfaciendũ dorſum expoſuerint, adeo potétia ſolis ipſarũ corticé

exficcauit, vt eodem quafi fupernatáte fube-
re repreffæ: nequeant ad tutiores, interiorés-
que receffus adnatare, vnde & nullo negotio
iam poffunt à venatoribus captari. Hoc te-
ftudinum genus Indicum appellant.

QVÆSTIO XVIII.

Moeris. Quid ais de cancris iftis quos
pinnoteras appellant? Circe. Nonne vides
quemadmodum fub inanibus fe condunt có-
charum teftis: minores fub minoribus, fub
capacioribus autem maiores? Iam videre lice-
bat multos, qui cum per fefe nihil valerent:
propria diffifi fufficientia, maiorum domino-
rúmque fuorum titulis tuebantur.

QVÆSTIO XIX.

Moeris. Vidiffes crocodilos? Cir. Cótra
plaudentes ferociebant, concedebant autem
contemnentibus & obftantibus: vt modò terribiles extant in fugaces, fugaces in terribiles.

QVÆSTIO XX.

Moeris. Afpides quoque? Circe. Hi in
parentes, magiftros, & beneficos: contume-
liofi, ingrati, homicidæ: vt modò filij, matres
morfibus enecant.

QVÆSTIO XXI.

MOERIS. Quomodo illuxiſſent iſti pro chameleótibus? CIRCE. Vel quia adulatores & imitatores omnium præter quàm eorum quæ honeſta & clara videntur: ſicut núc præter rubrum, atque candidum, colores omnes imitantur. Vel quia aura popularis eos alebat nec quippiam aliud ab humana laude & gloria aucupabátur. Aſpice illos ore ſemper hiátes, vtque alio quàm aëre non paſcantur. Vel quia intra maximum quem habent atque capaciſſimum pulmonem nil poſſident, veluti iam præter ventoſam iactantiam, nil potuiſſent animorum noto miſtę in ipſis contéplari.

QVAESTIO XXII.

MOERIS. Vno di[o] verbo, quis aſpectu homines, conuiciſſet eſſe aquaticos iſtos?

CIRCE. Dicã. Qui illos malorum turpiúque libenter auditores & imitatores conſideraſſet: ita n. Sycias compeiriſſet, quę modo id quod in corpore peſſimum eſt, & inſuaue potenter attrahunt. Illos Polypos cognouiſſent, ſi vidiſſent quomodo diuerſorũ ſe moribus adcommodando, & animalium diuerſi generis (vt aucupes facere conſueuere) fingédo voces: rem domeſticã nouerant ſimulando augere, quemadmodum modo coloris mutatione venantur.

QVÆSTIO XXIII.

MOERIS. Dimissis istorum speciebus aliis, aliàs considerandis: leuemus oculos Circe ad aues istas quæ ad proximam Syluam & eminentias aduolare. Qui erant hyrundines quæ in ipsis nidulantur tectis? Suo satis vultu ipsas eos figurare fertur qui vultum suum serenáte fortuna, amicis aderant: qua sæuiente & inconstantem obnubilante faciem, terga dabát: vt modo veris tempore nobis adsunt, hyeme verò vrgente recedunt. CIRCE. Bene. Sed & in hoc cognosci poterant, cùm sub hominis tegumento simul cum veris conuersarentur hominibus, & humanas adirent patrias, atque domos, de abiectis paleis, & festucis eorum se adcommodantes: ipsis tamen non poterant assuescere: sicut & mures nequeunt cum hominibus conuehire, quantumuis sub eodem degant atque viuant tecto.

QVÆSTIO XXIIII.

MOERIS. Pauones quoque facilè cognouissem, videbam enim gloriosos altigrados, pennas coloresque suos amplantes, inflato pectore tumentes. CIRCE. Certe. Sed & eos intelligere pauones debuisses, qui nihil nisi laudati faciebant: vt modo cum quis eos laudauerit, se pennis explicatis faciunt perspicuos.

QVÆSTIO XXV.

Moeris. Luscinias quoque non ignoras-
sem. Erant quoddam loquacium hominum
genus, qui multum dicebant vt multum sape-
re viderentur: quos quidem stultorum alebat existimatio: Sapientibus eque atque stulti
contéptibiles, quibus illud non latet quod dicitur. *VAS VACVVM MVLTVM SO-
NAT* CIRCE. Optimè. Erat & quoddam
garrulum poëtarum genus, quod inanibus
modulationibus abundabat.

QVÆSTIO XXVI.

Moeris. Quem refert auis pusilla quæ
vocem bouis imitatur? CIR. Istos cognouis-
ses cùm vilia, atque pusilla subiecta: suffi-
cientia, animo, & natura viles: vocem (de
rebus magnis loquentes, & decernentes) ma-
gnificabant.

QVÆSTIO XXVII.

Moeris. Coccices noui, cum alienas vxo-
res suorum facerent filiorum matres: vt nunc
videmus oua in alienis supponere nidis. CIR.
Recte iudicasti.

QVÆSTIO XXVIII.

Moeris. Aquilam quam auem regiam appellant, contortis rapacibúsque digitis satis ipsam se declarantem, quis non cognouisset? quis ipsam sub homine vociferantem nó audisset? Circe. Certum est & aquilas multas sub quorundam potentum vultibus latere. Omnes aquilæ sunt potentes, atqui non omnes potentes, aquilæ. Neque enim Circen tuam ex hac parte aquilam dixeris, cùm deam asseras, atque reginam. Moeris. Minimè quidem, sed quid esset iniuriæ?nonne & deorum pater iuppiter ipse sub aquila latuit? Circe. Recedis à proposito, iam de aquilis quæ sub homine latebant loquimur, non de hominibus atque diis qui solent sub aquilis & animantibus aliis latere.

QVÆSTIO XXIX.

Moeris. Auem illam quæ aquilam videtur oppugnare, non cognosco. Circe. Cybindum appellant. Aquila & Cybindus latebant sub specie principum, qui cùm inter se consererent, à tertio inuadente subuertebantur: vt modo adusque cohærent vnguibus & rostro se dilacerantes : vt ad inferiora terræ mutuo conflictu depressi, ab aliis corripiátur.

QVÆSTIO XXX.

MOERIS. Dij optimi nunquam adeò magnam auím vidiſſe memini. CIRCE. Illa eſt ſtrutiocamelus auiú maxima, atque ſtolidiſſima: quę cùm frutice collum occultarit, làtere ſe exiſtimat. Tales ſunt & phaſiani, tales ſunt & mugiles, in aquis. Ipſam aſpicere potuiſſes cùm homo ingenti corpore onuſtus, atque mole, minimum habens iudicij præſentabatur.

QVÆSTIO XXXI.

MOERIS. Siquidem multis volatilium cõmunem eſſe conſtat rapacitatem & carniuoracitatem, quónam Circe vultures (ſi vultures ſunt quos video, ob ipſas enim quæ ſuperuénere tenebras non benè poſſum eas quas ibi video nigras aues diſtinguere) ſigno ſeorſum ab aliis cognouiſſem? CIRCE. Ipſi ſunt vultures. Ipſi iam imminentes diuitum captabant mortes, quas pluribus præcedentibus annis olfaciebant: vt modo ad cadauera aduolãt, quæ ante triduum futura præſentiunt. Sed nos famem futuram non præſenſimus, & nimium volatilibus iſtis intentæ, tenebras in ipſo extremo ſentiuimus crepuſculo: quę ſtellarum nobis reddito conſpectu, nos ab iſtorum animalium intuitu diſtraxere. Tectum ergo cœnaturæ repetamus.

MOERIS. Craſtinam ergo diem ſi lubet totam ad inſpicienda reliqua deſtinemus.

CIRCE. Ita, ſi à magis vrgentibus non auertar.

QVÆSTIO XXXIII.

MOERIS. Sed diuerſi generis noctilucas iſtas, quæſo domina Circe ne differas ſignificare mihi, ſub quibus latuiſſe poſſunt faciebus? CIRCE. Iſti ſunt docti, ſapientes, & illuſtres: inter idiotas, aſinos, & obſcuros.

QVÆSTIO XXXIIII.

MOERIS. Qui erant hoc adeo venuſtum, affabile, humanum, conuerſatile, & officioſum animalis genus: quod ante nos vrgente nocte ad perticas domeſticas aduolauit? Gallos inquam iſtos quomodo cognouiſſem? CIRCE. Gallus cum ſit animal pulcherrimum, canorum, nobile, generoſum, magnanimum, ſolare, imperioſum & penè diuinum: ſeipſo tamen abutitur, & ob id vnum meliori exuitur forma: quod cum ſimili atque cóſorte, pro vilibus & ocioſis gallinis vt plurimum in pugna commoritur, iſque qui victor euadit aliis oblectamen ſpectatoribus, cantu ſe teſtatur ſuperiorem. Iſtum vidiſſes in illis latere, qui mutuis diſſidiis mutuo ſe conſueuerunt atterere, quique ſua in ſuos facinora cæteris ridiculi iactabant.

FINIS.

PHILOTHEI
IORDANI BRVNI
NOLANI DIALOGVS II.
applicatorius ad Artem
Memoriæ.

Interloquut. ALBERICVS
BORISTA.

ALBERICVS.

MICE Borista, in lectione Circęi cantus, eiusdémque fictorú successuum, exigui quo vti licet téporis triuisse partem, non potest metedere. Ibi non modicam rerum conspicio varietatem, ibi multos in ipso verborum cortice sensus explicitos : inténtiones quoque medullitus implicitas, innumeras esse coniicio, de quibus omnibus id quod seriosum est atque præcipuum, ignorare me fateor. B o r. Nec facile intelliges. A l b. De iis autem in quorum captum possem promoueri, vnum duntaxat est quod ardenti animo concupisco. B o r. Quidnam ? A l b. vt eam ipsam quæ in dialogi facie est varietatem valeam (quatenus per artem fieri posse audio) eodem quo parta fuit ordine, absque negocij arduitate memoriter fixam retinere.Ipsum enim & per laboris impatientiam labilémque (quæ à natura est) retinendi facultatem, alioqui me facere posse diffido. Audio te ex Iordani inuentis haud istrionicam quandam, qualem iactant alij, ex considerationibus de vmbris idearum expressam callere artem:quam multi valde arduá, proprióque studio inaccessibilem iudicant. Nonnulli ex iis qui doctiores vulgo videntur , ne ipsorum insufficientia delitescat,& cùm suam pudeat eos fateri paupertatem, quod quippiam ex ipsis non percipiant ad artem quam asserunt esse confusam referunt. B o r. Artem quidem inaccessibilem, sed sine schala concesserim facile. Difficilem quoque fateor, sed non propterea accusatione dignam: omnia quippe optima velimus nolimus, decreto deorum inarduis esse sita , non est quem lateat.Quod etiam doctorum multi per se ipsos eam non intelligant, non est eorum ignorantiæ,nec artis confusioni tribuendum : nihilo enim minus absque istius artis intellectu doctissimi esse possunt.

quod enim ad ipſos attinet, illud eſt in cauſa,
quod aliis in negotiis magis occupati, modica artis iſtius ſententias legunt attentione.
Non enim ſatis eſt quod membra intentio-
númque partes omnes intelligant: ſed & inſu-
per neceſſarium eſt eos dignari, vt circa eadé
conſiderent & contemplentur, nec non intentiones alias ad alias referát, relatáſque cũ aliis
ita conferant, vt quaſi ex ſimplicibus intentio-
nibus, terminorum conflent combinationes,
& per ſe ipſos ea quæ in propoſito inuentionis iudicij & memoriæ deduci poſſunt dedu-
cant. Pro iis autem qui tantum ſubire labo-
rem & ad tantam pertingere perfectionem
minimè valentes, aliqualem praxim tantummodo captant: extat eius editio quędam, paucis quibuſdam amicis communicata, iis qui in
huius generis artiũ ſtudio ſunt verſati, facilis
ad intelligendum. vbi quid alienis addiderit
inuentis, quidque totum adinuenerit ipſe,
per te facile poteris videre. A L B. Propitij
ſunt mihi dij: rem mihi deſideratiſſimã vide-
bor eſſe per te conſecutus, ſi dictis facta reſpõ
debunt. B o R. En exemplar aperio, ſis atten-
tus animo, & audita conſidera, & ſi quippiã
non intellexeris, perquire. Habet libellus
pro titulo ſuum proœmium. A L B. Lege.

BORISTA.

INTENTIO nostra est, diuino annuente numine, artificiosam methodicámque prosequi viam: ad corrigentum defectum, roborandam infirmitatem, & subleuandam virtutem memoriæ naturalis: quatenus quilibet (dummodo sit rationis compos, & mediocris particeps iudicii) proficere possit in ea, adeo vt nemo talibus existentibus conditionibus, ab adeptione istius artis excludatur. Quod quidem ars non habet à seipsa, neque ex eorum qui præcesserunt industria, à quorum inuentionibus excitati: promoti sumus diuturnam cogitationem ad addendum, tum eis quæ faciunt ad facilitatem negotii atque certitudinem: tum etiam ad breuitatem. Quandoquidem quæ secundum viam aliorum requirebant diuturnam exercitationé, intensam attentionem, & quodammodo ab aliis studiis abdicationem, adeo vt feliciora ingenia tale studium dedignarétur: iã per nos Altißimi gratia adeo facile & illustre, & dignum negotium proponitur: vt nemo sanæ mentis sit, qui nedum artem amare debeat: verum quoque toto appulsu atque neruis, in eius studium incumbere. Quandoquidem ars ista adiuuat omnes alias, & ostendit viam, & patefacit aditũ ad inuentiones alias plurimas. Siquidem ita faciet, ad

ciet ad memoriam, vt etiam maximè conferat ad iudi-
cium. Sed quid in laude , & momento huius artis
detineor? Succeſſus rem ipſam comprobat. Vnum tantummodo eſt difficile, vt aliquis hæc ipſa per ſe ipſum
poßit intelligere. A docente omnes intelligent. Quod
quidē nō euenit exeo, quia nos difficultati ſtudeamus:
ſed à nouitate rei & celebritate terminorum. Horta-
tur autem Plato in Euthidemo vt res celeberrimæ
atque archanæ habeantur à philoſophis apud ſe &
paucis, atque dignis communicentur. Aqua enim in-
quit ille viliſsimo pretio emitur, cùm tamen omnium
rerum ſit pretioſiſsima. Idem nos amicis noſtris faci-
mus, atque intenſius: maiori etenim occaſione ducimur
quàm Plato in eo propoſito duceretur. Idem omnibus iis, in quorum manus iſta deuenerint conſuli-
mus: ne abutantur gratia & dono eiſdem elargi-
to. Et conſiderent quod figuratum eſt in Prome-
theo qui cùm deorum ignem hominibus exhibuiſſet,
ipſorum incurrit indignationem. Cætera quæ in pro-
æmiis & ampullatis exordiis ſolent proponi, præter-
mittimus : Sufficit enim neceſſaria adducere & ea
quæ ad præſentis intentionis complementum faciunt.

C

DIVISIO LIBRI.

H A B E T præsens negotium vt diui-
datur in Theoriam & Praxim, vtpote in rationem artis, & princi-
piorum ipsius : Et præcepta illa
à quibus maximè proximéque operatio pro-
ficiscitur.

Theoria habet tres partes, Aliam quæ est de
modo inquirendę artis in gubernanda phan-
tasia & cogitatiua, quæ sunt portæ memorię:
Aliam quæ est de ratione subiectorum seu lo
corum. Aliam quæ est de ratione adiectorum
seu imaginum.

Praxis verò habet duas partes, Alteram quę
respicit memoriam rerum: Alteram quæ respicit memoriam verborum.

DE THEORIA PRÆSENTIS
ARTIS
PRIMA PARS THEORIÆ.

CAP. I.

Modus & ratio gubernandorum sensuum internorū
ad instruendam & construendam memoriam.

  § I. *Ordo potentiarum & organorum.*

Atis famosum est, atque con-,, cessum: quatuor esse cellulas, pro ,, quatuor sensibus internis. quarū ,, Prima, sensus communis appella-,, tur, situata in anteriori parte cerebri. Secun-,, da, vsque ad cerebri medietatem, phātasiæ do-,, micilium nuncupatur. Tertia illam contin-,, gens cogitatiuæ domus dicitur. Quarta ve-,, rò memoratiuæ. Hoc modicum est vt ad ,, præsentem spectat considerationem:præter-,, quam ea de causa, vt habeamus ordinem ope-,, rationum istarum potentiarum, ad perficien-,, dam memoriæ operationem.

§ II. *Ordo operationum siue actuum.*

Ordinantur igitur ita operationes istæ, vt ,, per aliam, ad aliam progredi non valeamus, ,, vsque ad vltimum memoriæ cubile: nisi suc-,, cessiuè incedétes ab vna in aliam, eodem or-,, dine quo per sua organa, & domicilia à ma-,, tre natura fuerunt institutæ, & ordinatæ se-,, cundum situm. Imaginentur enim vt qua-,, tuor cameræ, seu cubilia non quidem seposi-,, ta, sed vt altero intra alterum collocato, ita ,, vt in quartum pateat ingressus per tertium: ,, in tertium per secundum, in secundum per ,, primum. Dico in proposito vt nihil ingredia-,, tur memoriam, nisi per atrium cogitatiuæ: ,, nihil cogitatiuam, nisi per atrium phantasiæ: ,, nihil phantasiā, nisi per atriū sensus cōmunis. ,,

c ij

Comparatio § III.

„ Habenda ergo ratio eſt in arte iſta eadem
„ cum ea quam naturam ipſam habere perſpi-
„ cimus:vt videlicet ars ipſa & imitetur, & ſe-
„ quatur, emuletur, & adiuuet naturam. Idque
„ ipſum præſtet in duobus. Tum videlicet in eo
„ quod faciat res memorabiles. Tum etiam in
„ eo quod eaſdem ordinatè memorabiles red-
„ dat, atque promptas. Primum efficitur bene-
„ ficio imaginatiuæ: ſecundum beneficio phäta-
„ ſiæ. Imaginatiua enim perficit imagines cum
„ rationibus ſuis, phantaſia vero preſertim at-
„ que proprie loca atque ſedes imaginum.

CAP. II.

De modo inquirendæ artis, in guber-
nanda phantaſia.

„ Ogitatiua igitur formatur (vt natu-
„ rales volunt) per ſpecies non ſenſa-
„ tas, quæ à ſpeciebus ſenſatis educú-
„ tur. Eſt ianua, & introitus, & clauis
„ vnica cubilis memoriæ. Vnde eorum tantum-
„ modo meminimus, quorum impulſu cogita-
„ tio ſollicitata fuerat (dico cogitatioñe vniuer-
„ ſaliter dictam in genere ratiocinantum : hæc
„ enim facultas in brutis æſtimatiua dicitur ab
„ ipſis qui ſollénius philoſophantur) per amo-
„ rem, odium, metum, ſpem, triſtitiam, lætitiam,
„ abhominationem, delectationem, & ſpecies
„ aliarum affectionum animalia, quibus qui-

dem memoria redditur habilis ad receptioné
fpecierum fenfibilium : & fpecies fenfibiles
aptiffimè actu ab eadem recipiuntur.

Ecce quomodo fpecies redduntur memorabiles & formabiles. Iuxta quam facultatem
folam tantummodo hoc nobis feliciter fuc-
cedit: vt ea quę vidimus nos vidiffe recordemur cùm occurrerint. Alterum neceffariū eft
pro vfu doctrinæ, vt ordinate & ad libitum
eorumdem recordemur. Et ideo ficut in fcriptura extrinfeca atque pictura quæ feruiunt
oculis extrinfecis duo requiruntur : ratio videlicet formę atque figuræ characterum &
imaginum, & materia atque fubiectū in quo
formæ illæ & imagines poffint fubfiftere, manere & perdurare. Ita etiam in fcriptura in-
trinfeca atque pictura, quæ feruiunt oculis
intrinfecis, duo funt neceffaria. Alterumquod
habeat rationem figurarum, imaginum & li-
terarum: alterum quod habeat rationem libri
paginę, lapidis, atque parietis, vnde pendet ratio proxime dicendorum.

c iij

De his quæ faciunt ad Theoriam subie-
ctorum & formarum.

Portet igitur pro basi & fundamé-
to istius, primo quasi paginam ap-
parare: deinde rationem adscriben-
dorum caracterum, & apponen-
darum imaginum adferre & insinuare modo
quo alia ad alia referantur. Facile subinde erit
modiocribus considerationibus & conceptis,
prodire ad operationem.

S. I.

De subiectis: & primo quid sit subiectum.

Subiectorum ergo ratio, primo considerá-
da occurrit, ante quá promoueamur ad insi-
nuanda ea quę illis adueniunt. Subiectum ergo in proposito non sumitur secundum inté-
tionem logicam, vel phisicam: sed secundum
intentionem conuenientem quæ technica
appellatur, vtpote secundum intentionem artificialem: & est subiectum, non formalium
prædicationú, quod distinguitur contra præ-
dicatum. Non formæ substantialis, quod ile
dicitur, quod est materia prima. Non formarum accidentalium, quod est compositú phy-
sicum. Non formarum artificialium inheren-
tium naturalibus corporibus. Sed est subiectú

formarum phátasiabilium, apponibilium, &
remobilium, vagantium, & discurrentium ad
libitum operantis fantasiæ, & cogitatiuæ. Ex
quo desumitur ratio seu definitio subiecti
pertinentis ad hanc artem in sua generali-
tate: quod distinguitur in suas species, pacto
quod sequitur.

§ II.

De Subiecto quod est præsentis intentionis.

Subiectum vero istud (vt pote quod est aptum natum ad recipiendas formas memorabiles vt memorandæ sunt) pro commodo esse
potest vel compositum naturale, vel semima-
thematicum, vel verbale positiuum. Ipsum
vero naturale. Vel potest esse communissimú,
extentum iuxta latitudinem ambitus vniuer-
si, Vel cómunius iuxta latitudiné Geographię
Vel commune iuxta latitudinem alicuius có-
tinétis, Vel propriú iuxta latitudinem politi-
cam, Vel proprius iuxta latitudinem domesti-
cam seu œconomicá, Vel propriissimú iuxta
multitudinem atque numerum partium domus, & particularum eiusdem.

Tot existentibus subiecti speciebus: ipsæ
quæ sunt infra latitudines proprietatis: maximè sunt ad vsum præsentem accommodatæ,
licet etiam hæ quæ sunt infra latitudinem
communitatis vsu venire valeant. Porro praxis illarum, vna cum praxi subiectorum semi
mathematicorum currere potest. De quibus

,, fortasse in regulis practicis aliquid commô-
,, ſtrabimus. Nûc autem conſequens eſt in me-
,, dium afferre conditiones ſubiectorum, per
,, ordinem.

CAP. II.

De conditionibus ſubiectorum.

§ I.

,,   Vbiecta ergo ſenſibilia atque ma-
,,   terialia, iudicio omnium qui de hac
,,   arte hactenus bene dixerunt : primo
,, quò ad ſubſtantiam ita ſunt eligenda, vt ſint
,, ad oculum ſenſibilia: quorum Alia ſunt natu-
,, ralia vt lapides, arbores & ſimilia. Alia ſunt
,, artificioſa, vt aulæ, columnæ, anguli, ſtatuæ &
,, ſimilia. Alia ſunt vtroque modo ſeſe haben-
,, tia, vt quæ partim natura, partim arte conſtât.

§ II.

,, Quò ad quantitatem eorum continuam,
,, ſubiecta propria debent eſſe non admodum
,, magna, ne quaſi viſum obtundant & diſper-
,, dant, nec admodum parua, ne quaſi viſum fu-
,, giant: ſed mediocria ad hominis magnitudiné
,, talem, quæ ſit iuxta altitudinem eleuatorum
,, & latitudinem extentorum brachiorum.

§ III.

,, Quò ad quantitatem diſcretam ſint tot quot
,, ſunt præcipuæ ſpecies memorandę. Modica
,, quidem atque pauca ſufficiunt ad rerum &
,, ſententiarum memoriam: plurima verò ad
,, memoriam verborum requiruntur.

Quod etiam ad copiam fubiectorum attinet,quoniam aliquando non fufficere folent
ipfa quæ ex vna domo vel ædificio defumi &
eligi poffunt : confugiendum eft ad actum
proportionalem ei, quem fcriptores ad oculum extrinfecum facere confueuerunt. Vbi
quippe eis pagina vna non fufficit ad integri
negotij expreffionem, paginam paginæ adne-
ctunt atque confuunt : vt quod tabella non
exprimit,liber exprimat.Ita fermè nobis con
fuliturin præfenti operatione, vt propria inftitutione loca communia locis communi-
bus connectamus. Et opere noftræ cogita-
tionis, & phantafiæ, ea quæ re ipfa funt diui-
fa, difiuncta, & ab inuicem elongata : vnian-
tur, coniungantur, & aproximentur. Fiat
igitur hoc pacto.Fini &termino vnius,adhe-
reat principiú alterius vel adherere intelligatur. Nihil enim obftat quo minus poffis fini
atque termino tuæ domus,quæ eft in vna par
te ciuitatis, apponere principium vnius ædifi
cij, quod eft in alia parte ciuitatis. Pariter
nihil obftat quo minus valeas extremo locorum Romanorum adnectere primum locorum Parifienfium, dummodo fit fixum apud
te, atque fancitum, vt femper tali fini tale
principium intelligas fuccedere.

§ IIII.

„ Quoad qualitaté, Subiecta vt volunt omnes
„ non debere effe nimium illuſtria, neque ad-
„ modum obſcura: ſed talia qualia non intelli-
„ gantur excellentia ſua viſum turbare, vel de-
„ fectu ſuo viſum minus mouere.

§ V.

„ Quo ad Differentiá. Volunt vt caueatur tan-
„ quam ab igne à pluralitate ſimilium locorú,
„ fed in omni electione commendetur varie-
„ tas. Vndê dimitte (inquiút) plura inter colum
„ nia ſimilia, ſimiles feneſtras, dimitte vacua
„ ſpatia. In quibus tamen ſi placeat aliquid
„ collocare: inſtituere potes aliquod recepta-
„ culum cuiuſmodi eſt altare, menſa, ſolium,
„ cęteráque huiuſmodi.

§ VI.

Quo ad Relationem. Subiecta debent in-
telligi formata, mota, & alterata aduentu ima
„ ginum: vt eaſdem valeant commodè repræ-
„ ſentare. Intelligantur inquam affecta, ſicuti
„ de facto afficitur pagina per aduenientem
„ literam: vel ſi fieri poteſt, & melius, ſicut affi-
„ citur cera per nouæ imaginis impreſſionem.
„ Et hoc notaſſe valet ad id quod ſciri debet
„ quo ad actionem, & paſſionem.

§ VII.

Quo ad Ordinationem. ex omnium sententia loca sine delectu non sunt assumenda : sed
ordinatè : sicut per ordinem sibi succedunt
partes, & membra ædificiorum.

§ VIII.

Quo ad Situm. nõ debent esse nimium pro-
pinqua, neque nimium distantia:sed ad con-
ueniens interuallum seposita. Alioqui ita cõ-
fundent obtutũ & intuitum imaginationis:si-
cut in scriptura oculari, confusionem causant
literæ super literas inscriptæ, & literæ literis
inherentes.

Similiter etiam turbant (licet non ita) literæ à literis plusquam mediocriter semotæ.
Bo r. Percepisti ne Alb. subiectorum ratiõe.
A l b. Percepi , & in ipsis quod ad modos &
cõditiones eligendorum locorum spectat, nihil amplius adferre videtur præter id quod
hactenus ab aliis extat allatum. B o r. Rem
superficietenus considerasti. Sed concessum
sit eum de iis que pertinent ad loca sensibilia
nihil permutare. Quid dices si hæc, quæ mortua prius habebantur, per ea quæ proximè
subsequenti capite habebuntur viuificare
doceat, subiectorũ maximi faciendam rationem adferens? Certe si animum applicueris:

celeberrimam habebis artis speciem, ad artium intentiones & ordinandas,& perpetuo retinendas. A L B.Bene,ad propositam applicationem faciendam progredere. B o R. Ita fiet. Habes igitur ex arte communi quemadmodum adparanda sint subiecta. Sensibilia. Naturalia. Artificialia. Mixta. Mediocris spacij. Mediocris perspicuitatis. Iuxta memorabilium specierum numerum.Diuersa. Differentia. Congruas habitudines ad apponendas formas seruantia. Ordinata. Conuenientibus seposita interuallis. A L B. Habeo. B o R. Modo, quo pacto viuificata debeant haberi, percipito. A L B. Lege.

BORISTA.

CAP. III.

*Cautela ad firmitatem subiectorum pro formarum
retentione,quæ paucis fuit nota & leuiter tacta.
Et est quod potest pertinere ad rationem subiectorum,quoad vltimum prædicamen-
tum quod est HABERE.*

§ I.

,, Vbiectorum alia substantiua, alia
,, adiectiua sunt. Subiecta substan-
,, tiua appello ea de quibus hacte-
,, nus meminimus.Subiecta vero ad-
,, iectiua sunt quædã quæ locis prędictis adiici
,, possunt differentia à suis substantiuis in hoc

quod illa perpetuo manent eadem & immo-
bilia : hæc verò licet perpetuo inibi manere"
debeant atque maneant: tamen pro occasio-"
ne aduentantium formarum, atque imagi-"
num, mouentur, alterantur, & in varios, at-"
que diuersos vsus assumuntur, dum per ea"
aliquid fit, vel ipsi actioni eadem inferuntur"
quoquo pacto. Ista nimirum addere valent"
virtuti locorum quantum anima corpori,"
adeo vt sine istis loca mortua habeantur:cum"
istis verò viuentia.Adde igitur angulo pileũ,"
sedi pugionem, fenestræ cyatum, cæteráſque"
aliis huiuſmodi vtensilia , atque mobilia:"
quandoquidem nihil adeo modicum est,"
quod ad innumeros vsus innumeras non"
valeat habere relationes. Nunc in angulo"
dum vapulat Albertus pileus, vsu venit"
ad munus scuti. Nunc dum pingit Ideus:"
pileus deseruit pro continentia colorũ.Nunc"
dum fodit rusticus : ligone Pileus inciditur,"
& ita succeſſiue aliisalia agentibus, atque fa-"
ciétibus:aliter atque aliter pileus operationi-"
bus inseritur.Hinc aliquando si non occurrat"
loco appositum,quasi à reuelatore fideli, po-"
teris ab ipso adiectiuo subiecto de re appo-"
sita certior effici:cùm quęras quid factum est"
de te pileo ? quid factum est de te pugione?"

A L B. Dij me ament Borista,eo magis huius præceptionis industriam laudabilem ar-
gumentor,mihíque perſuadeo,quo maturius
ſuper ista cautela & viuificatione locorum à

celeberrimis antiquorum taĉta quidem, ſed
minime comprehenſa conſidero. B o R. Iam
incomparabilé habes inuentionem , cuius ne
veſtigium quidem prioribus coniectare licet
artibus. A L B. Qua de re? B o R. De ordina-
tione ſemimathematicorum ſubiectorum.
A L B. Audiam nouitatem ſubiectorum ſemimathematicorum.

CAP. IIII. § I.

De ratione ſubieĉtorum ſemimathematicorum.

Vbiecta purè mathematica vſu venire non poſſunt, quandoquidem
abſtracta ſunt & ſua abſtractione
phantaſiam pulſare vel mouere nó
poſſunt , quandoquidem abſtractio pertinet
ad ſuperioré facultatem, quá ſit ipſa phátaſia.

§ II.

Illud ergo quod valent præſtare Mathe-
maticalia ſecundum ſe, eſt ordo ſolus : & hic
in duobus inquiri poteſt (in quorum tamen
vno feliciter ſuccedit) in figuris videlicet &
numeris. In figuris quidem procedendo à
triangulo ad quadrangulum: à quadrangu-
lo,ad pentagonum : hinc ad exagonũ: hinc
ad eptagonum, & ita deinceps in innumerũ
per planas figuras. Similiter in ſolidis figuris,
à corpore trilatero ad quatrilaterum, ab ipſo
quod eſt trium ſuperficierum,ad ipſum quod

est quatuor superficierum: & ita deinceps ad „
alia: qui progressus difficile formari potest in „
vsum præsentis artis.

§ III.

In numeris autem, procedendo à monade
ad dualitatem: à dualitate ad trinitatem: & ita „
deinceps in innumerum. Veruntamē ipsi nu- „
meri non valent repræsentare : sed ordinem „
tantummodo insinuare. Applicentur igitur „
rebus aliquibus naturalibus, & per easdē co- „
lorentur, atque formentur. Destinentur ergo „
pro primo denario linea, pro secundo lignea, „
pro tertio ferrea, pro quarto ænea, pro quin- „
to argentea, pro sexto aurea, pro septimo se- „
ricea, pro octauo pannea, pro nono coria- „
cea, pro decimo pellicea. Vel pro primo or- „
gana agriculturæ, pro secundo organa artis „
ferrariæ, pro tertio militiæ, pro quarto ve- „
stiariæ, pro quinto lanionicæ, pro sexto hor- „
tensis, pro septimo coquinariæ, pro octauo „
medicinæ, pro nono tonstrinæ, pro decimo „
funerariæ, pro vndecimo sacrificiæ, & ita „
deinceps.   „

§ IIII.

Quibus decadibus ordinatis & determinatis, siue istiusmodi, siue aliis modis : siue „
secundum hunc modum, siue secundum aliū: „
modicis aliquibus differentiis poteris tibi „

„ decernere , & diffinire differentias , ad infi-
„ nuandos digitos numeros in fingulis decadi-
„ bus. Siquidem in ligneis, aureis, ceterifque
„ huiufmodi, funt differentia inftrumenta, at-
„ que res.Similiter in coquinariis, hortenfibus
„ & fimilibus.
„

§.V.

„ Applicari igitur poffunt intentiones re-
„ rum memorabilium rebus iftis fuo ordine:
„ vnde non folum rerum memoriam & ordi-
„ nem: verum quoque & numerum, fitum,&
„ regionem, cum intentione partium & capi-
„ tum poffibile eft retinere: fed rem fufius
„ quàm par effe videtur artis dignitati explicui-
„ mus.

A L B. Dij boni quàm prægnans inuentum
ipfum fine tua declaratione percipio : clarius
n. non poterat nec debebat aperiri. B o R.
Ipfum fané maturiori confideratum iudicio
maturius & excellétius apparebit. Ipfum in-
geniis etiam non admodum excitatis ad ma-
ximos vfus notabilem offert occafionem.
A L B. Illud etiam in re propofita perpendas
velim: quod non folum locorum, fed & imaginum fœcundiffimam rationem explicuit,
vbi & loca per imagines, & imagines per loca docuit viuificare . Hic etiam rationem
engraphicè habendarum artium infpicio.
A L B. de iis hactenus. Lege.

BORISTA.

BORISTA.
§ VI.

De locis verbalibus positiuis.

De locis autem verbalibus positiuis, non
est præsentis negotii tractare:& non nisi vio-
lenter tractari possent in parte istius artis,de
ipsis enim consideramus in libro clauis ma-
gnę,qui est de inuétione, & iudicio scientia-
rú,& de arcana retétione & fixione.Sufficiat
ergo in proposito, proximè dicta semimathematicalia,quæ capitum,sententiarum,le-
gum, vel paragraphorum, vel cuiuscumque
rei esse possunt subiecta:verum etiam valent
ad hoc ipsum vt sint imagines numerorum
in allegationibus, cæterisque huiusmodi.

§ VII.

Illud etiam est considerandumquod pro
diuersis materiis , & occasionibus,ex diuersis generibus, semimathematicalia loca possunt atque debent diuersimodè formari:
quorum duos enumerabimus:aliíque multi
similiter enumerari possunt.
    A L B. Habes ne verbalium locorum ra-
tionem Borista?B o R.Nullam prorsus, eám-
que si haberem non esset hic locus nec tépus
ciusdem adducendæ.   A L B. Quomodo
talem iudicas si non cognoscis ?

Bor. Id ergo non te prætereat, ad applican-
dum numerum Circ̨eum, vt iuxta capitalium
terminorum multitudinem, locis fensibili-
bus, à quorum tibi praxi eft exordiendum,
apparatis : mox in rerum memorandarum,
quæ tum locorum ordinem, tum & à locorum ordine confequuntur, appofitionē in-
tendas animum. Alb. Recte. Iam quafi paginam in qua fcribendum, vel tabulam in
qua pingendum eft habeo difpofitam. Mox
igitur infcribendi, figurandíque rationem
explicato.

Borista.

TERTIA PARS THEORIÆ DE
RATIONE ADIECTORVM SEV
de formis.

CAP. I.

Quid fit forma, & quotuplex.

ORMA quoque in propofito non
fumitur fecundū intentionē Metha-
phificam Platonicam vt potè pro
,, idea. Nec fecundum intentionem Methaphi-
,, ficam Peripateticam, vt potè pro effentia.
,, Nec fecundū rationem phyficā, vt potè pro
,, forma fubftantiali vel accidentali informātē
,, materiā vel fubiectum. Nec fecundum inten-
,, tionem technicam vtpote artificialem ad-

ditam rebus phisicis actu exiftentibus quas „
fupponit. Sed fecundum rationem logicam „
non quidem rationalé, fed phantafticam (qua- „
tenus nomen logices amplius accipitur) „
refpondenté intentioni fubiecti, quod fupra „
pariter diuidendo, & diftinguendo ab aliis, „
diffiniuimus.

§ II.

Eft igitur forma in propofito aliquod co- „
gitatum vel cogitabile opere phátafiæ & co- „
gitatiuæ, adiectum locis feu fubiectis iuxta „
triplicem fuperius illatam differentiam, tri- „
plicibus : ad aliquod repræfentandum, & „
retinendum pro informatione, & perfe- „
ctione memoratiuæ facultatis.

§ III.

Formarum ergo aliæ funt naturales, aliæ „
funt pofitiuæ Naturalium intrinfecæ vfu „
non veniunt in propofito : Siquidem (vt pa- „
tet) non funt imaginabiles, extrinfecæ verò, „
quæ in fenfibus obiiciuntur, nec omnes vfu „
venire poffunt, fed illæ tantummodo, quæ „
per vifum, & auditú fenfus internos ingrediú „
tur, felectiffimæ verò funt formæ vifibiles. „
Guftus enim & ex intimis fentit obiecta, ta- „
ctus verò extrinfecus adherétia, olfactus mo „
dicum diftantia, auditus diftantiora, vifus ve „

„ ro distantissima ab ipsis mundi imaginibus
„ obiecta cōcipit. Ideo omniū spiritualissimus,
„ & diuinissimus, sicut naturaliter antecellit:
„ qui determinat in presenti proposito formas
„ extrinsecas visibiles, quæ quidē licet non sint
„ formæ de quibus loquimur: tamen sunt fon-
„ tes à quibus illæ emanant, & matres quæ illas
„ parturiunt. Vnde si ipsæ exteriores vestigia
„ appellantur idæarum: interiores vmbræ ap-
„ pellantur earundem à nobis in libro qui de
„ vmbris inscribitur.

§ IIII.

„ Formæ verò aliæ quæ sunt intrinsecæ, ex-
„ trinsecarū riuuli atque filiæ, quę per vehicula
„ & canales sensuum externorum, sese in phā-
„ tasticā facultatem ingesserunt, sunt presentis
„ intentionis. Et istæ dupliciter sumi possunt
„ vno pacto, secundum suam naturam, nudita-
„ tem, & puritatem, & eiusmodi sunt cùm
„ sensum ipsum internum aggrediuntur: Al-
„ tero pacto alteratæ, commutatæ, deordina-
„ tæ, & commistæ, & ita dupliciter, vel ab in-
„ tentione, vel ab aliorum naturalium acci-
„ dentium perturbatione. Primo modo pos-
„ sint esse artificiales, secundo verò minimé.

§ V.

Itaque duo funt genera imaginum. Aliæ ,,
enim funt fimiles rebus extrinfecis fecun- ,,
dũ totum vel per integrũ, vt imago Socratis ,,
vel Platonis, imago equi, vel tauri. Aliæ ve- ,,
ro funt fimiles rebus extrinfecis fecundum ,,
partes, fed non fecundum totum : vt imago ,,
montis aurei, centauri, harpiæ, & fimilium. ,,
Vtrumque generum commodum eft ad pra- ,,
xim prefentis artificij, fiue etiam neceffariũ. ,,

CAP. II.

De Conditionibus formarum feu imaginum.

§ I.

ORMÆ vero quod ad effentiam ,,
& fubftantiam attinet, debent effe ,,
ex eorum genere quæ maximè va ,,
leant phantafiam pulfare, & cogi- ,,
tatiuam excitare. Genus verò illarum in pro- ,,
xime dictis eft manifeftatum.

§ II.

Quod ad quantitatem difcretam attinet, ,,
iuxta multitudinem locorum funt multi- ,,
plicandæ : & ad commodum rerum infinuã- ,,

„ darum diftinguendæ, plures inquam fimul,
„ vtpoté in eodem loco non concurrant.
„ Hinc enim acci dit vt aliæ alias confundant,
„ vt euenit in literis complicatis. Illud tamen
„ feliciter contingere poteft, vt in eodé loco
„ plures ita collocentur vt aliæ alias cófequen-
„ tes attingant, quæ in antecedentibus ita conti
„ nebantur, ficut virtualiter in præmiffis funt
„ illationes.

§ III.

„ Quod veró ad quantitatem continuam at-
„ tinet, caueto à paruis imaginibus, & ab im-
„ modicis. Illæ enim fenfum non excitant:iftę
„ vero extenfionę fua vifum, internumque ob-
„ tutum difpergunt. Extrinfecum quippe ocu-
„ lum non mouet, vel lente mouet mufca,
„ ægre veró formam fuam infinuat gigas in
„ magno pariete depictus. Ad mediocritatem
„ ergo contrahantur ampliora, & extendan-
„ tur exigua. Ideo dicitur in libro clauis ma-
„ gnę. Aut modica, aut modificata. Aut mag-
„ nifica, aut magnificata : vnde licet elicere
„ quod ipfum fecundum fe modicum, & im-
„ potens ad mouendum : beneficio concomi-
„ tantis reddi poteft magnum atque potens.
„ Scutū & cadauer præfentabit mufcam, fagit-
„ tarius, fagitt. Sutor acum, fcriptor calamú.

§ IIII.

Quod ad qualitatem pertinet, illud in memoriam reuocandum eft: quod tales eligendæ funt formæ, quales admirationem, timorem, amorem, fpem, abhominationem, fimiléfque alios eius generis affectus valeant accire. Quod fi imago hoc ipfum de fui natura non præftet: faciat tua inftitutione, deftinatione, & fecundum genus applicatione. Ita enim mortuam imaginem (nifi admodum hebetis extes ingenij) viuificare poteris. Hinc fi ex hominū genere magis tibi notos, atque celebres, monftruofos, pulchros, dilectos, exofos omnes adfumas: melius vfu venire poterunt. Cúmque duo fint genera formarum, animata videlicet & inanimata: prima præftant fecundis. Animatorum quoque cùm duæ fint fpecies, rationalia videlicet & irrationalia: prima fecundum omnem modum præcedunt vniuerfa. Ipfis enim omnis actio, omnis paffio, motus, omnis tandem vfus poteft conuenire.

Quodcunque enim valent ferre cæteræ omnes: hæ folæ poffunt, atque amplius. Vnde & mundos eas appellare licet.

§ IIII.

„ Quod ad relationem viciſſim dicitur de
„ iſtis, quod ſupra de ſubiectis dictum eſt.
„ Non inquam decipiaris aliquando non
„ collocans & putans te collocare, non af-
„ figens, & putans te affigere. Quandoqui-
„ dem aliquando accidit (imo vt plurimum)
„ vt per minorem applicatione, ſiue intentio-
„ nem naturali memorie committas, quod pu-
„ tes te loco committere, id eſt cum quaſi in
„ aërem fundens excogitatam formam, ſubie-
„ cto illam minime facis inherere. Contra quá
„ deluſionem ita reparandum eſt. Aſſueſce vt
„ habeas ſemper verá loci formam ob oculos,
„ & germanam formam collocandæ rei, vt in
„ ſene capillos albos, curuum buſtum, tremu-
„ las manus, cæteráque huiuſmodi intuearis:
„ Et cũ iſtis omnibus eius applicatione ad lo-
„ cũ, & habitudinem loci ad ipſum, quaſi dicas.
„ En vbi homo ille, En quid locus ille capit,
„ ſimiliter de aliis formis eſt iudicandum.
„ Proinde, mitto quod ſupra dictum eſt de
„ locis adiectiuis.

§ V.

„ Quod ad actionem & paſſionem atti-
„ net. Intelligatur forma in locum aliquid
„ agere, vel aliquid pati à loco, aptum vel
„ ineptum : iucundum vel triſtè: conmo-

dum, vel incommodum. Hinc enim pen-,,
det robur & fixio adiecti cum subiecto, & ,,
eius quod proportionalæ est materiæ cum ,,
eo quod formæ proportionatur.

§ VI.

Mox à similitudine & vniformitate non ,,
minus cauendum est quàm à quolibet alio, ,,
quod minus fauet, atque contrariatur ratio- ,,
ni perfectionis imaginum. Turbat enim & ,,
confundit crebra eiusdem imaginis repe- ,,
titio , & appositio. Quod si necessitas vr- ,,
geat(distinctis tamen interuallis) vt eandem ,,
formam iterato accipias:recipias eam altera- ,,
tam,alteram,& aliis habitudinibus indutam. ,,
Sicut enim natura ipsa abolet similitudinẽ. ,,
ipsam (de similitudine numerali loquor) ita ,,
& ars. nunquam enim natura duos homines ,,
similes constituit, imo nec vnum hominem ,,
omnino similem perseuerare facit, sed quem ,,
manesumpsit vt vnum,vespere sumit sensua- ,,
liter vt alterum.

A L B. De iis quæ ab antiquis necessaria
notatúque digna præcepta sunt,quod faciat
ad facilitatem,ordinem,atque sufficientiam:
nihil est quod prætermisisse videatur. B o r.
Nimirum præter errores,ineptias , & infan-
tias quæ ab oscuris & irrationalibus quibus-

dam allata funt, omnia continet ista confideratio, omniafufficienter diftinxit, numerauit,
digeffit in fpecies, & ordinauit. Duo funt
quę fibi peculiariter poteft vendicare. Alterum quod adeo (fi intelligatur) fpiritum ipfum regulare docet : vt tantum abfit ne formas in ipfis doceat depingere fubiectis, vt
mirum in modum quomodo eædem in ipfis
infculpi valeant aperiat. Alterum quodpau-
cis aliorum inuenta perficiat, & ad vlteriora
promqueat. A L B. Profequere.

CAP. III.

Modi aliquot imaginum ad rerum figurationem
atque vocum.

§ I.

„ Xtant nonnullæ rationes, atque
„ modi: quibus poffunt tum nomi-
„ na, tum res ipfæ vnica imagine figu-
„ rari. Primum quidé diftinguendum
„ eft de modis in genere hoc pacto. Eo tum à
„ quibus recipi poteft fignum rei reprefentan-
„ dæ, alia retinent fimilitudinem fecundum ré,
„ alia vero fecundum dictionem.

§ II.

j. „ Collocamus ergo aliquando rem ipfam fi
„ ipfa eft figurabilis à phantafia, vt fcamnum
„ pro fcamno, equum pro equo.

Aliquando verò fimilem in voce, pro fimi- „ ij.
li. vtpote collocamus rem figurabilem, quæ „
denominatione fua caufat memoriam rei in- „
figurabilis, cuius nomen affine eft nomini „
illius. Sic apponimus equű ad equitaté me- „
morandam, vitim ad vitam.   „

    Aliquando verò per Etimologiam, fo- „ iij.
lemus venari illud à quo ipfa defumitur, vt- „
potè infigurabile à figurabili, à Romano Ro- „
mam, à montano montem.   „

    Aliquando à fimilitudine capitis, vtpotè „ iiij.
principij dictionis, confueuimus reuocare „
memoriam eius quod in fine eft diffimile. Ita „
per afinum loco appofitum folebam afilum „
recordari, vel Afer.   „

Aliquando à tranflatione nominis, quemad- „ v.
modum à Philippo loco appofito, venabar „
memoriam amatoris equorum vel è cōuerfo ‘,
aliquando.   „

Ab antecedente, venari folebam confequés „ vj.
quemadmodum naturaliter ab aurora folis „
exortus concipitur, & à paftu digeftionem „
figuratam concipimus.   „

    Aliquando ex concomitante, ficut à fo- „ vij.
cio focium qui femper ipfi vnitur confue- „
uimus recordari. Vbi igitur aliquid eft „
infigurabile, ficut mors, poteft figurari per „
cædem vel cadauer.   „

    Aliquando à confequente, quod dicitur vi- „ viij.
ciffim cum antedecente: ficut à fumo nomi- „
nas ignem præcedentem, & per ignem reco- „

,, limus fumum fubfequentem.

ix,,   Aliquando ab accidente fubiectum, quem-
,, admodum à re alba appofita, niuem lucra-
,, mur,à faltatione faltatorem.

x.,,   Aliquando à fubiecto accidés : ficut ex al.
,, ueo mellis collocato, recolimus dulcedinem,
,, ex leone ferocitatem ex vrfo iram.

xj. ,,   Aliquando ex Hyeroglifico fuum de figna-
,, tum : ficut ex lance & ftatera iuftitiam. Ex
,, fpeculo prudentiam.

xij. ,,   Aliquando ex infigni infignitum : vt ex
,, enfe Martem, ex claui Ianum.

xiij. ,,   Aliquando ex fimbolo fimbolatum, vt ex
,, homine nafuto Tongilianum, de quo illud,
,, nil preter nasû Tongilianus habet. ex homi-
,, ne armato Hannibalé: ex togato, lacerata tuni
,, ca, nudis pedibus, detecto capite, Diogené.

xiiij. ,,   Aliquando ex contemporaneo tempus, fi-
,, cut ex floribus Aprilem:ex torculari Autum
,, num,& fic de aliis.

xv. ,,   Aliquando ex circumftantia locum atque
,, fubiectum, vt ex certo habitu Theutonicum
,, feu Germaniam, Africanum, feu Africam.

xvj. ,,   Ex proportionato proportionale, quemad-
,, modum ex figulo ad lutum, fubit nobis con-
,, fideratio vniuerfalis plafmatoris ad vniuer-
,, fum plafmabile, in magno fynapi hæc pro-
,, pofitio. Modico in femine atque princi -
,, pio maximi effectus præexiftunt: vnde par-
,, uus error in principio, magnus in fine.

xvij. ,,   Ex conuertente conuerfum, quemadmodû

ex voce Maro clarefcit Roma, ex voce Re- „
mo more. „

Ex partibus totum, ex componentibus có- „ xviij.
pofitum, vnde Dauus cùm viti obiicit infigu- „
rabile Dauid. „

Ex capitis diminutione vel additione, cor- „ xix.
pus alterius fignificati, ficut ex Palatio latio „
clarefcit. „

Ex capitis fimilitudine, capite adfimilatum, „ xx.
ficut ex pariéte Paralipomenó liber clarefcit. „

Ex affolente proferre, vocabulum ipfum, „ xxj.
vel fententiam : hinç quidam qui dicere fo- „
lebat omnia amicorum funt communia lo- „
co appofitus reducit te in memoriam fen- „
tentiæ illius. Et nota hic quod etiam ex tua „
inftitutione potes eiufmodi fententias, & „
terminos quibufdam accommodare, velu- „
ti vfu venire poteft modus proximè fequens „
atque magis. „

Ex fubiecto recipiente verificationem „ xx ij.
fententiæ, vel fignificationem termini, fen- „
tentiam ipfam atque terminum, ficut mihi „
quidam garrulus & maledicus, nec benè for- „
tunatus: fententiam illam pfalmiftæ. vir lin- „
guofus non dirigetur in terra. „

Ex metaphora feu tranfpofitione, tranfpofi- „ xxiij.
tionis fubiectum: ex argento lunam: ex plú- „
bo Saturnum. Ex ftamno Iouem. Item & ex „
vulpe aftutiam. Ex cane adulationem. Ex „
fimia imitationem & emulationem. „

Ex propria paffione, ipfum cui appropria- „ xxiiij.

„ tur, ficut ex boue mugitum, ex porco grun-
„ ditum .EX quibus etiam aliquando tranſlatio
„ fieri poteſt, ſicut poſtquam ex aſino habe-
„ mus ruditum, ex ruditu habere poſſimus fa-
„ tuum ſermonem, eo enim & aſini logos ſole-
„ bam mihi deſcribere.

xxv. „ Et inſtrumento artificem, & inſtrumentatú
„ ingenere, ſicut ex ſphera & aſtrolabio, aſtro-
„ logum poſſum meminiſſe.

xxvj. „ Ex habituato, habitum infigurabilé, ſicut ex
„ muliere grammatica, quæ eſt ſubſtantia cum
„ accidente, ſeu ſubiectum cum qualitate: ip-
„ ſam grammaticam quæ qualitas quædam
„ eſt conceptare poſſem. ſicut ex muſico, mu-
„ ſicam. Similiter ex habente id quod habetur,
„ vt ex predium habente, predium: ex princi-
„ pe principatum : licet ſit aliud prædicamen-
„ tum. Similiter in qualitatis genere, ex modi-
„ ficato, modum: ſicut ex recipiente rationem
„ alicuius aduerbii, ipſum aduerbium: ſicut ex
„ bene ſaltáte, aduerbiú bene occurrere poteſt.

xxvij. „ Ex ſpecie genus, ſicut ex boue loco appo-
„ ſito figurabili, meminiſſe poſſum animal ge-
„ nus infigurabile.

xxviij. „ Ex relatiuo correlatiuum, ſicut ex domino
„ ſeruum.

xxix. „ Ex contrario, contrarium per antiphra-
„ ſim : ſicut per aliquem inculte loquentem,
„ DEmoſthenem, per fatuum, ARiſtotelem.

xxx. „ Ex agente, actum, vel actionem : ſicut ex
„ furante, furtum. Si qui autem alij mo di præ-

ter istos imaginétur, omnes habeantur vt in „
istis inclusi & ad istos reducibiles.Perfecta si „
quidé enumeratione atque respectu ad talem „
redacti sunt numerum, vt patet callentibus „
rationem magnæ clauis.   „

A L B. Certè alios difficile possem imagina-
ri modos qui(quatenus spectat adea quæ sen
sibiliter mouere continget) in enumeratis
triginta non contineantur. B o R. Cur dicis
sensibiliter ? A L B. Quandoquidem ad re-
miniscentiam atque memoriam quam per
ordinem semimathematicalium subiectorum atque verbalium positiuorum : adipis-
cimur, possumus aucupari:ex prædictis triginta discursibus,quibus alia per alia possunt
presétari, quatenus ex vnius appositi memoria in alterius vel infigurabilis,vel egrè figurabilis solemus promoueri) nullus est qui
conducere videatur. B O R I S T A. Pace tua.
nullum est memoriæ genus in quo aliquod vel plura harum figurationum genera
non vsu veniant:sicut enim citra species phã-
tasiabiles nec intelligere nec memorari pos-
sumus:ita nec citra vsum alicuius ex enumeratis generibus. A L B. Considerabo super hoc, nunc ad alia.

IORDANI BRVNI
BORISTA
PRIMA PARS PRAXIS.
CAP. I. § I.

ALB. Certè nihil amplius requirebatur ad praxim. Quis non videt quemadmodum ipsius praxis ratio sub titulo theoriæ latissime continetur & explicatur. BOR. Credo hanc tituli distinctionem potius ob ordinem doctrinæ, quàm ob aliam causam adduxisse authorem: Sed audi hęc deinceps habebuntur. EX iis enim non modicum pro vtriusque memorię specie releuaberis. ALBERICVS. Audiam.

BORISTA
PRO REBVS PRÆSEN-
TANDIS.
§ II.

" Quamuis his quę supra allata sunt sub ti-
" tulo theoriæ sufficientissime etiam à me-
" diocribus ingeniis ratio praxis tota possit
" educi: tamen per hæc quæ mox subinferi-
" mus superiora confirmamus, & superiori-
" bus addimus.
"

§ II.
Pro rebus præsentandis.

Paratis ergo dispositis ordinatis, determinatis, atque confirmatis subiectis: facile est
formas

formas ipsas apponere. Sensibilium quidem „
sensibiles, non sensibilium verò etiam sensi- „
biles. Porro sensibiles formæ relatæ ad sen- „
sibilia obiecta, rationem veram imaginum „
& exemplarum admittunt. Relatę vero ad nó „
sensibilia obiecta, habent rationem signorú, „
notarum, & indiciorum. Quomodo autem „
quælibet significari possint, designati, & effi- „
giari, demonstrauimus ex parte magna, ma- „
gis quàm vnquam demonstratum fuerit an- „
te nos. Vnum tantummodo abest vt succur- „
ramus iis terminis qui per prædictas imagi- „
num rationes non possunt figurari: cum de „
triginta modis illis nullum aliquando possu- „
mus ad propositum adaptare: sine difficulta- „
te proueniente à nobis, siue à re ipsa cuius „
memoria est habenda, & commodam presen „
tationem quærimus. Modo igitur proximè „
sub inferendo prouidendum. Quiquidem „
nullum memorabile excludit, siue sit ter- „
minus intellectus siue non intellectus, siue „
significatiuus. quomodocumque sit, dum- „
modo sit articulatus.

e

SECVNDA PARS PRAXIS
CAP. I.

De memoriæ verborum praxi.
§. I.

VBi igitur res ipsas collocare nequimus, quia sút infigurabiles, aptemus nobis nominum, vocúque quarumlibet inscriptionem tali pacto habendam. Primo sint homines, iuxta elementorum numerum distincti, quorum alij vnú, aliud alij tibi designent elementú, siue ex institutione vt pote ex appropriato : siue ex veritate, vt pote ex proprio nomine. Sint inquá tibi pro elemento A designando plures Aristarchi, pro elemento B plures Bacchi, pro C Cæsares, qui quidem loco appositi, hęc tibi repręsentabunt elementa.

§. II.

Sint proinde aliæ res inanimatæ quæ possunt vsu venire prędictis hominibus: ita vt armarium, auriculare, arcus, & similia significent tibi elementum A. Baculus B. Corbis, C. similiter & alia instrumenta, & armamenta, alia tibi designent elementa. Et ita tum homines plures, tum etiam plures tibi reliquas res & operationes ab hominibus cótractabiles ordinabis, quibus quidé valebis eidé loco integram committere dictionem.

§. III.

Quod si dictio erit prolixior, poteris illam

in duobus vel tribus locis committere & extendere, quod consulimus quando extemporanea replicanda sunt lecta vel recitata.

§ IIII.

Vbi verò tu ipse tuam tibi materiam disposueris, poteris vni loco dictionem quantulibet prolixam committere, apponédo duos vel plures homines ordinatos : qui cum suis instrumentis & signis & nominibus propriis literas repræsentando, quamcumque tibi proferant dictionem.

BORISTA. Quod ad memoriam verborum pertinet, à labore in quem nos artes antiquiores impellunt, mirum in modum nos releuare videtur. Quibus licet modicum considerantibus, modicum videatur addere: melius tamen negocium perpendentibus lóngè aliter apparebit. Elementa enim quæ per antiquorum præceptiones, singularia tátum docebamur præsentare: nunc ad syllabarum & quarumcumque dictionum ex ipsis complexarum complementum, vnico cuicumque loco integrum ipsum docemur apponere terminum. Armamenta enim & actiones, non ociosa, leuia, atque vaga nunc instituuntur: neque solum ad memoriam excitandam homines hominibus adstare, résque alias aliis applicari debere perdocemur : sed

omnia pluribus onusta muneribus accipere,
vt quàm facilè commodéque quod antiquis
impossibile videbatur nacti simus, non sit difficile videre. Audi quid senserit Tullius in
suis ad Herennium. III.

Scio plerosque grecos qui de memoria scrip
serunt fecisse vt multorum verborum imagines conscriberent, vt qui eas discere vellent,
paratas haberent, ne quid inquirendo consu-
merent opere. Quorum rationem aliquot de
causis improbamus, quarum vna est quod in
verborum innumerabiliũ multitudine, mille
verborum imagines ridiculum sit compara-
re : quantulum enim poterunt hæ valere cũ
ex infinita verborum copia modo vnum modo aliud nos verbum meminisse oportebit?

Ex quibus sanè verbis manifestum est illud Tullium existimasse impossibile factu :
quòd nó modo in se facillimum comperitur,
verùmetiam vniuerso negotio facilitatem
causat. Cur autem hunc in modum Græcorũ
illorum derideat industriam, illud est in causa
quod ipsum alio pacto fieri non posse existi-
mabat, quã singulis dictionibus singulas de-
stinando imagines. Quod tentare ridiculum
est. Nos verò tantum abest vt imaginum numerum multiplicemus : vt in singulis perfi-
ciendas atque complendas locis ad expressio-
nem infinitorum terminorum siue significá-
tium siue non : completas, paucas, determina-
tas, & celebres ordinemus imagines. Habes

ergo facultatem qua tum res ipfas feu rerum
intentiones in Circæo cantu pofitas, tum &
ipfa quibus explicantur verba, locis valeas affigere. Exerceri tui fimiles in iftis fecundis
nõ probarem. Ad vanam quippe atque pue-
rilẽ facere videntur iactantiã, quatenus enim
occurrẽtium figurandorum terminorum ne-
ceffitas exquirit: folertia vfus triginta confi-
gurationum fuccurrere poteris. In pueris autem & ftudiofis adolefcentibus præter breuẽ
iftam viam & alias quas Iordanus inftituit
nullam laudauerim, grauis.n.cura diuturnã-
que intentio, & abductio à feriis ftudiis ad
quæ fortaffe per ipfas redduntur inhabiles
(in ipfis. n. actibus expediti, atque aptiffimi
alioqui ftupidi mihi comperti funt) percep-
tione fructus qui colligi poffit in tardo len-
tóque fine minimè compenfantur. Per hæc
autem noftra ftudiũ non impeditur, memoria
naturalis non hebetefcit, non lãguet, fed proficere poteft ingeniũ. Interim fpero futuros
qui inuentionis iftius femina multiplicent.
Porrò licet hæc confideratio tanta fit fi cum
antiquioribus cõferatur: fine præiudicio grâ-
tiarum quas primis inuentoribus & viã præ-
monftrantibus habere debemus: nihil tamen
eft aliarum refpectu, quarum integer inuẽtor
apparet ifte. quarum mox vnã in breuibus cõ-
tentam explicabo tibi. Sed hæc de arte, trede-
cim quibufdã amicis dictata fufficiãt. A L B.
Proferas rogo te aliã artẽ. B o R. Libẽtiffimè.

IORDANI BRVNI NOLANI
ARS ALIA BREVIS CERTIOR
& expeditior ad verborum
memoriam.

Vppofitis iis quæ in complemento communis artis de ratione locorum & imaginum funt allata: núc in aliquorum gratiam aliam producimus arté, quę ad noſtram integra pertinet inuentionem. Ipſam perfectè ſubſequenti enunciamus ænigmate.

Bis duodena locum capiant ſecluſa ſeorſum
 Corpora, quæ argutum finxerit efficiens.
Spiritus adſtantes habeant d'hinc ſingula quinos.
 Queis ſit quintuplicem promere poſſe ſonum.
Proind' elementa duo dent conſiſtentia quinque.
 Queis ſolers medio, quæſtaque calce dabis.
Quid ſit, quid faciat, quid habet, quid ſuſcipit, &
 quid
 Adſtet, proponant poſita quinque tibi.
Ii ſibi perpetuam firment in corpore ſedem:
 Quos coniurator non queat eiicere.
Interea varias poterunt errare per oras.
 Multáque conſtando millibus eſſe locis.

ALB. Quid credis ipſum ſibi velle per hoc
ænigma? BORISTA. Dicam vt poſſum.
Habeas ab inuicem ſepoſita ſubiecta quatuor & viginti, quæ vniuerſa non adiaceant,
non inhæreant, non contingant. Sed libera,
& ſolitaria vel, ſituentur vel ſituata intelligantur.

Tuo ipsa tibi poteris eligere arbitrio, huius tamen esse debent generis B. Arbor. C.
Columna. D. puteus. F. Ara. G. Patibulum.
H. Mensa. K. Lectus. L. Statua. M. Tribunal. N. Cathedra. P. Fornax. Q. Focus. R.
Incus. S. Archa. T. Saxum V. Pyramis. X. Ho-
rologium. Y. Fouea Z. Sepulchrum. A Fere-
trum. E Sacrarium I. Ignis. O Lapidum cu-
mulus. V. Fons. Quæ quatuor & viginti tibi
designent elementa.

Proinde ad constituendas eorum primas
combinationes addicas subiectorum dicto-
rum singulis adsistentia quinque, quæ dupli-
ci differentia præcedentem vel subsequen-
tem tibi notam demonstrent. Extant quinque cardinales differétiæ. Occidentale, Óriē-
tale, Septentrionale, Australe, & Medium.
Extant aliæ quinque situales prostare, flecti,
sedere, cubare, iacere. Extant aliæ quinque locales, ante, retro, sursum, deorsum,
in medio. Quibus quidem trinis differentiis,
subiectum, insigne, & operationem quintu-
plicare consonando valebis.

Adsistentia quinque, per diuersos actus ad
quatuor & viginti differentias multiplicatos
elementum sonans atque consonans addere
possunt. Qui quidem differentiarum nume-
rus, in diuersis compleatur generibus, vt
commode veniat in vsum.

Pro liquidis mediantibus elementis, iis de-
nique & aliis primam combinationem ex
duobus

duobus videlicet conflatam consequentibus, similiter per aliquot differentias prouidebis.

Quibus ita dispositis, determinatis, & menti firmiter adfixis : promptè poteris ex mutuatis insigniis , cæterisque olim propriis quascunque combinationes effingere.

Iam vides quemadmodum signa viginti quatuor elementorum, per quinarium deducantur. Quam si consideraueris industriam, in alias plures poteris per temetipsum promoueri. A L B. Propositum videor satis (ni decipiar) intelligere. Sed rogo te , aliquid expeditius pro cantu Circæo digneris elargiri. BORISTA. Faciam.

APPLICATIO PRÆGNANS.

Habes in Circæo dialogo primo duas generalissimas formas , alteram quæ cantum, alteram quæ multiplicem cantus includit effectum . Harum alteram ad vnum generalissimum subiectum , alteram verò ad alterum referas.

Secundo in prima formarum generalissima, habes septem deorum ypostases. Et in secunda tria animantium genera. Illa generalia sub generalissimis septem : ista ad generalia sub suo supremo tria referas subiecta.

Tertio habes sub singulis septem ypostaseon, tres terminorum species : quarum duæ sunt incomplexæ, tertia verò complexa est. Habes etiam , sub singulis trium animantium

f

generum, plures infimas pro commodo enu-
meratas species. illæ in specialibus subiectis
illorum multiplicentur in trinum. Istæ vero
in proprris pariter subiectis deducantur.

Quarto sub trium terminorum speciebus
istis &illis ad singulas pertinentia species habens indiuidua, in indiuiduis pariter hæc &
illa subiectis situabis.

Itaque generalissima forma generalissimũ
consequatur subiectum: generalis, generale:
specialis speciale: indiuidualis, indiuiduale.
Adeo vt subiectum aliud, aliud includat &
contineat. & forma alia aliam includat &
contineat: & memoriam facilem non modo
cantus Circæi, sed & omnium quæ tibi
memoranda proponentur adipisceris.
ALB. Experiar.

FINIS.

Collationné Complet

Acheté 50ᵗ chez Morgand, avec le
de Umbris Idearum.